Franz-Xaver Wallisch

Projektmanagement bei der Qualitätssicherung polierter Stahlbänder

Franz-Xaver Wallisch

Projektmanagement bei der Qualitätssicherung polierter Stahlbänder

Anwendung am Beispiel des Projekts "Pinholedetection"

Reihe Realwissenschaften

Impressum / Imprint

Bibliografische Information der Deutschen Nationalbibliothek: Die Deutsche Nationalbibliothek verzeichnet diese Publikation in der Deutschen Nationalbibliografie; detaillierte bibliografische Daten sind im Internet über http://dnb.d-nb.de abrufbar.

Bibliographic information published by the Deutsche Nationalbibliothek: The Deutsche Nationalbibliothek lists this publication in the Deutsche Nationalbibliografie; detailed bibliographic data are available in the Internet at http://dnb.d-nb.de.

Coverbild / Cover image: www.ingimage.com

Verlag / Publisher:
AV Akademikerverlag
ist ein Imprint der / is a trademark of
OmniScriptum GmbH & Co. KG
Heinrich-Böcking-Str. 6-8, 66121 Saarbrücken, Deutschland / Germany
Email: info@akademikerverlag.de

Herstellung: siehe letzte Seite /
Printed at: see last page
ISBN: 978-3-639-62569-1

Inhaltsverzeichnis

1 Einleitung

Zum Zeitpunkt der Erstellung dieser Master-Thesis arbeitet der Autor als „Manager Technical Processing" (Prozesstechniker) bei dem Unternehmen Berndorf Band GmbH, einem Konzernmitglied der Berndorf AG. Die Berndorf AG ist ein traditionsreiches und geschichtsträchtiges Unternehmen. Die Wurzeln des Konzerns reichen zurück bis ins Jahr 1843 als Alexander von Schoeller und Alfred Krupp an der Triesting bei Berndorf ein Hammerwerk aufkauften. Über die Jahre erreichte das von dem Unternehmen produzierte Tafelbesteck aus Neusilber Weltruhm. Um 1900 hatte das Unternehmen ca. 4000 Mitarbeiter und die Familie Krupp investierte nicht nur in den Produktionsstandort, sondern auch in die Stadt Berndorf, deren Entwicklung sie nachhaltig prägten. Bereits zu dieser Zeit wurden auch polierte Kupfer- und Nickelbänder für die Herstellung von fotografischem Film erzeugt. Nach dem ersten Weltkrieg hatte das Unternehmen etliche wirtschaftliche Probleme und wurde 1938, im Jahr des „Anschluß", in das deutsche Krupp-Konglomerat eingegliedert. Nach dem zweiten Weltkrieg lag der Unternehmensstandort in der sowjetischen Besatzungszone Österreichs und war somit unter Zwangsverwaltung der USIA. Nach dem Staatsvertrag von 1955 wurde der Standort Berndorf mit dem Aluminiumwerk in Ranshofen unter dem Namen „Vereinigte Metallwerke Ranshofen-Berndorf AG" zusammengeschlossen. Die Fertigung von polierten Metallbändern lief auch in dieser Zeit weiter; die Produktpalette des „Bandwerks" und die Produktionsfläche konnten mit der steigenden Nachfrage immer weiter ausgebaut werden. 1988 wurden einige Unternehmen am Standort Berndorf, darunter auch das „Bandwerk", durch ein Management-Buy-out unter der Führung von Dr. Norbert Zimmermann aus der verstaatlichten Industrie herausgelöst – die heutige Berndorf AG. Die Berndorf Band GmbH stellt als Teil dieses Konzerns Prozess- und Transportbänder aus Stahl her. Diese werden untere anderem in der Lebensmittelindustrie (Backöfen, Schokolade), in der chemisch-pharmazeutischen Industrie (Pastillatoren), für Transportaufgaben (Paketsortieranlagen), in der Holzverarbeitung (Erzeugung von Spanplatten in Doppelbandpressen, Dekor für Laminatfußböden) und in der Kunststoffindustrie (Acrylglas, Isolierstoffe, TAC-Film) eingesetzt. Von 2003 bis 2007 wurde Berndorf Band von Dipl.-Ing. Franz Viehböck geleitet, in dieser Zeit konnte der Umsatz verdoppelt werden und es wurden neue Produktionsflächen geschaffen. Seit seinem Wechsel in den Vorstand der Berndorf AG wird das Unternehmen von Mag. Herbert Schweiger (ex-CEO von Microsoft Österreich) geleitet.

Das Aufgabengebiet des Autors bei Berndorf Band liegt im Bereich der polierten Stahlbänder. Es war deshalb naheliegend die Master-Thesis zu einem Projekt aus diesem Bereich zu verfassen. Da Berndorf Band ein projektorientiertes Unternehmen ist, bildet das Thema „Projektmanagement" einen Schwerpunkt dieser Master-Thesis. Außerdem beschäftigt sich ein Kapitel mit dem Eignungsnachweis von attributiven Prüfsystemen, da der Autor die Gelegenheit bekam, am Projekt „Pinholedetection" mitzuarbeiten. Dieses Prüfsystem soll die Mitarbeiter von der langwierigen und ermüdenden Inspektion der Oberfläche von polierten Stahlbändern befreien.

Anmerkung: Für eine bessere Lesbarkeit wird in dieser Master-Thesis die männliche Form verwendet. Falls nichts anderes erwähnt wird, gelten die Bezeichnungen auch für weibliche Personen!

2 Projektmanagement

Anmerkung: Das Kapitel 2 Projektmanagement basiert zu großen Teilen auf dem Buch „Happy Projects!"[1] von Prof. Dr. Roland Gareis. Der Autor dieser Arbeit hat die Kurse „Projektmanagement Basic" und „Projektmanagement Advanced" besucht, welche von der Firma RGC Roland Gareis Consulting unter der Leitung von Frau Dr. Dagmar Zuchi, einer Mitarbeiterin von Prof. Dr. Gareis abgehalten wurde und auf diesem Buch basieren.

2.1 Was ist Projektmanagement?

Bereits in der Einleitung seines Buchs schreibt Prof. Gareis: „Projektorientierung ist eine Management-Strategie, nicht nur für Organisationen sondern auch für Gesellschaften. Kompetenzen zum professionellen Management von Projekten, Programmen und Projektportfolien schaffen Wettbewerbsvorteile für Organisationen und Gesellschaften."[2] Projektmanagement schafft also Wettbewerbsvorteile und hilft somit einer Organisation oder Gesellschaft in der Umgebung des sogenannten „Freien Marktes" besser, schneller und effizienter zu agieren, als ihre Mitbewerber.

Was also bedeuten die Begriffe „Projekt", „Projektmanagement" und „projektorientierte Organisation"? Und warum ist Prof. Gareis der Meinung daß Projektmanagement, bzw. Projektorientierung Wettbewerbsvorteile bringt?

Die anfänglich bekannt gewordene Definition des Projektbegriffs: „Ein Projekt muß neuartig, einmalig, komplex, etc. sein" geistert noch heute in vielen Köpfen herum. Aber bereits in der ISO9000 „Qualitätsmanagement" steht: „Ein Projekt ist ein einmaliger Prozess, der aus einem Satz von abgestimmten und gelenkten Tätigkeiten mit Anfangs- und Endtermin besteht und durch-

---

1 [RGHP]: Gesamtes Buch
2 [RGHP]: Seite 8

geführt wird, um unter Berücksichtigung von Zwängen bezüglich Zeit, Kosten und Ressourcen ein Ziel zu erreichen, das spezifische Anforderungen erfüllt."[3] Und Prof. Gareis schreibt zu diesem Thema: „Projekte und Programme sind temporäre Organisationen, die von Unternehmen zur Durchführung umfangreicher, relativ einmaliger Prozesse eingesetzt werden. Ziele des Einsatzes von Projekten und von Programmen sind die Schaffung von organisatorischer Flexibilität im Unternehmen, die Sicherung der Qualität der Prozessergebnisse und damit der Schaffung von Wettbewerbsvorteilen."[4]

Wichtig ist hierbei, daß es sich um umfangreiche, bzw. komplexe Prozesse handeln muß und andererseits, daß diese relativ einmalig sein sollten. Sich ständig wiederholende, gleichförmige Arbeitsabläufe gehören eindeutig zum Prozessmanagement. Als Beispiel soll hierbei vielleicht der Angebotsprozess in einem Handelsunternehmen und in einem Anlagenbauunternehmen dienen. In dem Handelsunternehmen, wo täglich viele Angebote für Handelsware anhand definierter Rabattsätze, Kundendatenbanken u.ä. erstellt werden, ist dies ein gleichförmiger, sich häufig wiederholender Ablauf. In dem Anlagenbauunternehmen hingegen bekommen solche Angebote sehr schnell Projektcharakter, da hier umfangreiche und jedesmal unterschiedliche technische Details mit dem Kunden abgeklärt werden müssen und auch die kaufmännisch Kalkulation sehr viel umfangreicher und individueller ist.

„Die Definition eines Projekts bedingt den Einsatz von Projektmanagement. Ein Projekt ist ein Unterschied, der einen Unterschied macht. Ein Projekt sichert Managementaufmerksamkeit, bedingt das Designen einer adäquaten Projektorganisation, das Erstellen und das Controllen von Projektplänen und die Gestaltung der Projekt-Umwelt-Beziehungen"[5] schreibt Gareis weiter in der Einleitung zum Kapitel A „Projektorientierung als Managementstrategie" seines Buches. Projektmanagement ist letztlich nichts anderes, als

---

3 [ISOQMS]: Grundlagen und Begriffe Abschnitt 3.4.2, zitiert nach [WPP]: 1. Absatz
4 [RGHP]: siehe Seite 37
5 [RGHP]: siehe Seite 37

eine Sammlung von definierten Werkzeugen und den zugehörigen Anwendungsanleitungen.

Wie schon die Überschrift des oben erwähnten Kapitels A sagt, ist „Projektorientierung" eine Managementstrategie. Es ist also die Fähigkeit und vor allem der Wille einer Organisation Projektstrukturen zu schaffen und erfolgreich zu betreiben.

Zum Programmbegriff schreibt Gareis, daß diese „[...] eine temporäre Organisation zur Erfüllung eines einmaligen Prozesses großen Umfangs mit mittlerer bis langer Dauer [...]"[6] sind und weiter: „Die in einem Programm gekoppelten Projekte dienen der Realisierung eines gemeinsamen Programmzieles."[7] Ein Programm könnte also zum Beispiel die Reorganisation der Produktion eines Unternehmens sein, die einzelnen Projekte dieses Programms behandeln dann Themen zum Erreichen des übergeordneten Ziels, wie zum Beispiel die Beschaffung neuer Produktionsanlagen oder die Optimierung von Rüstzeiten.

Die folgende Abbildung gibt einen Überblick, wie sich die unterschiedlichen Prozesse einteilen lassen und mit welcher Organisations-form sie optimal abgearbeitet werden können.

---

6 [RGHP]: siehe Seite 40
7 [RGHP]: siehe Seite 40

Charakteristika von Prozessen	Ausprägung		
Häufigkeit	oftmalig	einmalig	einmalig
Leistungsumfang	klein	mittel-groß	groß
Bedeutung	gering	mittel-hoch	hoch
Dauer	kurz	kurz-mittel	mittel-lang
Ressourceneinsatz	gering	mittel	hoch
Kosten	gering-mittel	mittel-hoch	hoch
Anzahl Organisationen	wenige	mehrere-viele	viele
	Ê	Ê	Ê
Organisationsform	Permanente Organisation oder Arbeitsgruppe	Projekt	Programm

Abbildung 2.1: Adäquate Organisationen zur Erfüllung unterschiedlicher Prozesse[8]

Der erste Einsatz von formalen Projektmanagement-Dokumentation bei US-amerikanischen Militär- und Raumfahrtprojekten[9] zeigt bereits, daß umfangreiche und entsprechend komplexe Projekte auch ein adäquates Management benötigen, um überhaupt zum Erfolg geführt werden zu können. Der Wettbewerbsvorteil von Projektmanagement liegt darin begründet, daß – obwohl für das Management entsprechende Ressourcen aufgewendet werden müssen – im Projekt weniger „Reibungsverluste" entstehen, die Projekte damit effizient und effektiv und somit erfolgreich abgeschlossen werden können.

Nach der Definition von Gareis gibt es also offensichtlich hinter jedem Projekt eine gemeinsame Prozessstruktur, die in diesem Kapitel gemeinsam mit den Werkzeugen des Projektmanagements und der Projektorientierung betrachtet werden sollen.

2.2 Die Werkzeuge des Projektmanagements

Um ein Projekt effizient und effektiv abwickeln zu können, gibt es eine Reihe von Werkzeugen, die in diesem Abschnitt vorgestellt werden sollen.

---

8 [RGHP]: siehe Abb. A1.1, Seite 40
9 [HSPE]: vgl. Seite 12; zitiert nach [RGHP]: vgl. Seite 39

Die folgende Kurzbeschreibung gibt einen Überblick über die möglichen Werkzeuge und Phasen:

- *Projektabgrenzung:* soll den zeitlichen, kostenmäßigen, inhaltlichen und qualitativen Rahmen für das Projekt festlegen und dient gleichzeitig der Projektbeauftragung

- *Zieleplanung:* dient der detaillierten Planung, Darstellung und Abgrenzung der zu erreichenden Ziele

- *Projektumweltanalyse:* stellt alle relevanten Einflußfaktoren auf das Projekt dar, um Risiken und Chancen frühzeitig zu erkennen, ihnen zu begegnen und sie zu nutzen

- *Projektorganisation:* stellt die Rollen innerhalb des Projekts und deren Beziehungen zueinander dar und legt die Verantwortlichkeiten fest

- *Projektstrukturplan:* unterteilt das Projekt in aufeinanderfolgende Arbeitsphasen, Meilensteine und einzelne Arbeitspakete, die einem Verantwortlichen zugeteilt und abgearbeitet werden können

- *Zeitplanung:* dient der zeitlichen Planung eines Projekts, um es in der festgelegten Dauer abwickeln zu können; die wichtigsten Eckpunkte werden im Meilensteinplan dargestellt, die detaillierte Planung aller Arbeitspakete erfolgt im Balkenplan

- *Ressourcen- und Budgetplanung:* legt alle benötigten Ressourcen (personell, maschinell und sonstige) und das dafür notwendige Budget fest

- *Projektcontrolling:* dient dazu, das Projekt innerhalb der mit den oben erwähnten Werkzeugen festgelegten Parameter abwickeln zu können und Abweichungen frühzeitig zu erkennen und gegensteuern zu können

- *Projektmanagementprozess:* ist im eigentlichen Sinn kein Werkzeug, sondern der zeitliche Ablauf aller zu ergreifenden Maßnahmen um ein Projekt erfolgreich zum Abschluß bringen zu können

Es müssen allerdings nicht immer alle Werkzeuge im kompletten Umfang eingesetzt werden. Vielmehr müssen diese an die Komplexität des Projekts angepasst werden, um die Administrierbarkeit zu gewährleisten. Dieser Ansatz wird Multi-Methodeneinsatz[10] genannt. Für repetitive Projektarten können die Projektpläne standardisiert werden, um das Projektmanagement zu vereinfachen. Außerdem ist eine (elektronische) Vernetzung der Projektpläne hilfreich, um Fehler zu vermeiden und die Projektmanagement-Qualität zu steigern.

2.2.1 *Projektabgrenzung*

Um ein Projekt erfolgreich zum Abschluß bringen zu können, muß zuerst festgelegt sein, wann dieser Abschluß erreicht ist und wie sich das Projekt von seiner Umwelt abgrenzt. Dazu wird in der Projektabgrenzung der zeitlichen, kostenmäßigen, inhaltlichen und qualitativen Rahmen des Projekts festgelegt. Es muß also definiert werden, wann und wo das Projekt beginnt und endet. Außerdem muß bekannt sein, welche Kosten das Projekt benötigen wird, um diese Mitteln auch rechtzeitig und in entsprechender Menge bereitstellen zu können und um ein Aussage darüber zu haben, ob sich das Projekt wirtschaftlich rechnet. Ebenso muß definiert sein, was der Projektinhalt ist, denn es soll ja nicht einfach „ins Blaue hinein" gearbeitet werden. Ebenfalls müssen auch die qualitativen Anforderungen an das Projekt festgelegt werden, um feststellen zu können, ob die Ziele des Projekts erreicht wurden.

---

10 [PMB]: vgl. Folie 26

Folgende Checkliste für die Erstellung des Projektantrags[11] hat sich in der Praxis als hilfreich erwiesen:

- Zeitliche Projektgrenzen/Kontext
  - Projektstarttermin, Projektendtermin
  - Vor- und Nachprojektphase
- Sachliche Projektgrenzen/Kontext
  - Beziehungen zur Unternehmensstrategie
  - Projektziele, Nichtziele und Betrachtungsobjekte
  - Projektinhalte (Phasen)
  - Projektbudget
- Soziale Projektgrenzen/Kontext
  - Projektrollen
  - Relevante Projektumwelten
  - Beziehungen zu anderen Projekten

Den Projektantrag, bzw. die Projektabgrenzung erstellt der designierte Projektmanager, um selber Klarheit über den Umfang und die Abgrenzung des Projekts zu erhalten und um ihn zur Genehmigung dem Projektauftraggeber, bzw. der Projektsteuergruppe des Unternehmens vorzulegen (näheres zu den Projektrollen siehe Kapitel 2.2.4.) Wichtig dabei ist die Konstruktion des „Big Project Pictures"[12], um den Überblick über das Projekt und die Einbettung in seine Umwelt zu bekommen. Außerdem stellt die Projektabgrenzung, bzw. der Projektantrag die Basis für die detaillierte Projektplanung und die formale Projektbeauftragung dar.

---

11 [PMB]: vgl. Folie 61
12 [PMB]: vgl. Folie 59

Ein Projektantrag kann folgendermaßen aussehen:

Projektantrag		
Bezeichnung des Projekts:		
Projektstarttermin:	Projektendtermin:	
Projektziele:	Nicht-Projektziele:	
Projektphasen:	Projektkosten:	Projekterträge:
Projektauftraggeber(team):	Projektmanager:	
Projektteammitglieder:		
Entscheidungen und Dokumente aus der Vorprojektphase:		
Erwartungen an die Nachprojektphase:		
Zusammenhang zum Business Case:		
Zusammenhang zu anderen Projekten:		
Relevante Projektumwelten:		
Anhang: Projektstrukturplan, Meilensteinplan, Projektkostenplan, Projekt-Umwelt-Analyse		
———————— Projektauftraggeber	———————— Projektmanager	
Version:	Datum:	Name:

Abbildung 2.2: Beispiel für einen Projektantrag[13]

Es ist nicht nur notwendig, die Ziele eines Projekts zu definieren, sondern auch genau festzulegen, was mit dem Projekt nicht erreicht oder gemacht werden soll. Die Nichtziele verhindern, daß nachträglich noch Themen in das Projekt hineininterpretiert werden, die den Erfolg des Projekts gefährden. Der Bezug auf die Vor- und Nachprojektphase zeigt die themati-

---
13 [PMB]: siehe Folie 60

sche und zeitliche Eingliederung des Projekts. Die Vorprojektphase zeigt die Entstehungsgeschichte des Projekts und mit welchen Erwartungen an das Projekt herangegangen wird. Mit dem Verweis auf die Nachprojektphase wird gezeigt, wie der Projekterfolg die gesamte Organisation, bzw. das Unternehmen beeinflußen wird. Der Zusammenhang mit dem Business Case hilft ebenfalls, die Eingliederung und die Erwartungen an das Projekt besser zu verstehen, bzw. umgekehrt das Projekt so zu steuern, daß sich der erwartete strategisch Unternehmenserfolg einstellt. Der Zusammenhang mit anderen Projekten hilft, Synergien zu nutzen, bzw. Doppelbearbeitung zu vermeiden und den Zusammenhang besser einordnen zu können.

Um die formale Beauftragung des Projekts durchzuführen, wird der Projektantrag sowohl vom Auftraggeber als auch vom Projektmanager unterschrieben und den Projektteammitgliedern zur Kenntnis gebracht. An dem Antrag und den darin festgelegten Zielen muß sich der Projektmanager messen lassen, andererseits hat dieser auch die Garantie, daß diese durch den Auftraggeber akzeptiert und unterstützt werden.

2.2.2 Zieleplanung

Für die Zieleplanung stehen hauptsächlich zwei Werkzeuge zur Verfügung: Der Betrachtungsobjekteplan und der Projektzieleplan.

Im Betrachtungsobjekteplan werden alle im Projekt zu betrachtenden Objekte aufgelistet, ausgewählte Objekte in ihre Teile gegliedert und eine ganzheitliche Betrachtung des Projekts (hinsichtlich technischer Objekte, Personal, Organisation, etc.) gesichert. Der Betrachtungsobjekteplan kann entweder als einfache Liste oder graphisch mit Hilfe einer Mind-Map oder Baumstruktur dargestellt werden. Er ist die Basis für die Planung der Ziele, der Leistungen und der Organisation.

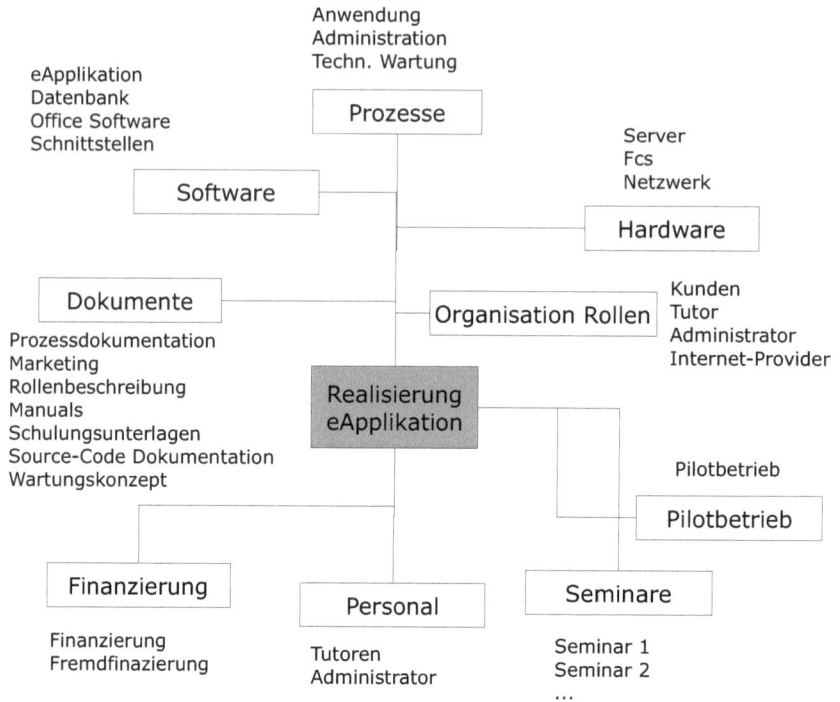

Abbildung 2.3: Betrachtungsobjekteplan am Beispiel des fiktiven Projekts „Realisierung eApplikation"[14]

Die Zieleplanung untergliedert sich in die Erstellung der Hauptziele, der Zusatzziele und der Nichtziele. Die Hauptziele sind jene Ziele, deren Erreichung für den Projekterfolg maßgeblich sind. Zusatzziele dienen der Orientierung, welche weiteren Themen mit diesem Projekt bearbeitet werden können, sie sind jedoch für den Projekterfolg nicht notwendig. Die Nichtziele dienen, wie bereits in Kapitel 2.2.1 erwähnt, dazu, daß Themenbereiche, aus einem Projekt explizit ausgeschloßen werden können, die anderenfalls den Projekterfolg gefährden könnten, bzw. den vereinbarten Umfang überschreiten. Mit

---

14 [PMB]: Folie 79

Hilfe des Betrachtungsobjekteplans können die Ziele operationalisiert werden[15].

Für die Zieldefinition ist weiters wichtig, daß diese meß- und überprüfbar sind. Ein Hilfsmittel hierfür ist die SMART-Regel[16]:

- S   Spezifiziert   Ziele müssen eindeutig definiert sein
- M   Meßbar   Ziele müssen meßbar sein (was, wie viel, etc.)
- A   Angemessen   Ziele müssen erreichbar sein (Ressourcen)
- R   Relevant   Ziele müssen bedeutsam sein (Mehrwert)
- T   Terminiert   Ziele müssen zur richtigen Zeit erreicht sein

Nur wenn Ziele angemessen und vollständig definiert sind, kann während des laufenden Projekt in die richtige Richtung gesteuert und am Ende der Erfolg gemessen und somit sichergestellt werden.

2.2.3   Projektumweltanalyse

Gareis schreibt: „In der Projekt-Umwelt-Analyse werden die Beziehungen eines Projekts zu seinen relevanten Umwelten betrachtet. Es wird angenommen, daß die relevanten Umwelten des Projekts nicht (direkt) verändert werden können. Daher werden die Projekt-Umwelt-Beziehungen betrachtet, die gestaltbar sind. Die Gestaltung dieser Beziehungen ist eine Projektmanagementaufgabe."[17] Weiters schreibt Gareis, daß nur jene Umwelten relevant sind, die den Erfolg maßgeblich beeinflußen können[18]. Die relevanten Projektumwelten können in graphischen Darstellungsformen erarbeitet und dokumentiert werden: Mittels einer „Wolken-Graphik" oder der „Segmentgraphik". Zweitere ist besonders bei komplexen Umwelten zu bevorzugen, da die hohe Anzahl der Beziehungen übersichtlicher aufgezeigt werden kann.

---

15 [PMB]: vgl. Folie 82
16 [SPM]: vgl. Erklärung der SMART-Regel
17 [RGHP]: siehe Seite 277, Kapitel F1.7.5
18 [RGHP]: s.o.

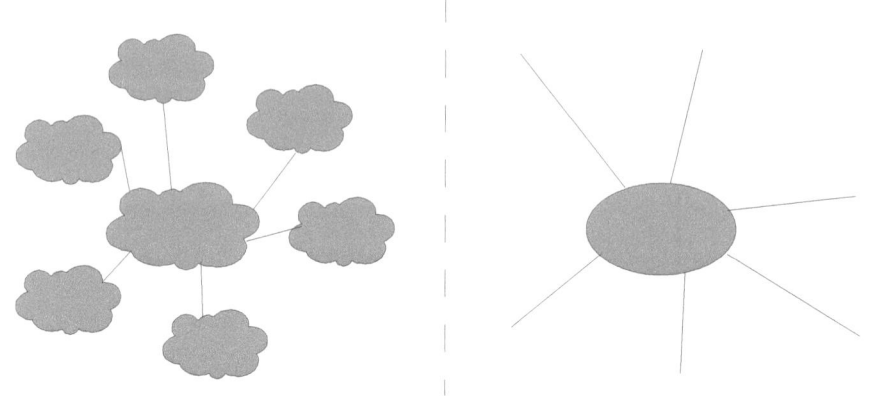

Abbildung 2.4: Links die Wolken-Graphik, rechts die Segmentdarstellung der Projektumweltanalyse[19]

Die Projektumweltanalyse gewährleistet als Instrument des Projekmarketings die Außenorientierung des Projekts. Mit ihr können Chancen und Risiken in den Außenbeziehungen frühzeitig erkannt werden und entsprechende Förderungs-, bzw. Gegenstrategien entwickelt werden.

Die Projektumweltanalyse wird während des Projektstartworkshops von den Teammitgliedern gemeinsam erstellt, um die möglichen Einflüsse von allen Seiten zu beleuchten. Die Hinzuziehung von Vertretern relevanter Umwelten ist bei besonders komplexen Projekten möglich und sinnvoll. Allerdings sollte hierbei darauf geachtet werden, daß durch diese Vertreter relevanter Umwelten nicht vorschnell falsche Schlüsse gezogen und Gerüchte verbreitet werden, die dem Projekt schaden können.

2.2.4 Projektorganisation

Die Projektorganisation wird mit dem Projektorganigramm dargestellt. Hier können sämtliche bekannte Darstellungsformen für Organigramme gewählt werden. Der Autor empfiehlt die von *ROLAND GAREIS Projekt- und*

---

19 [RGHP]: vgl. Seite 277f, Abb F1.39 und F1.40

Programmmanagement® propagierte Darstellungsform, da hier besonders der Projektauftraggeber, aber auch der Projektmanager in ihrer grundlegenden und (unter)stützenden Funktion dargestellt werden:

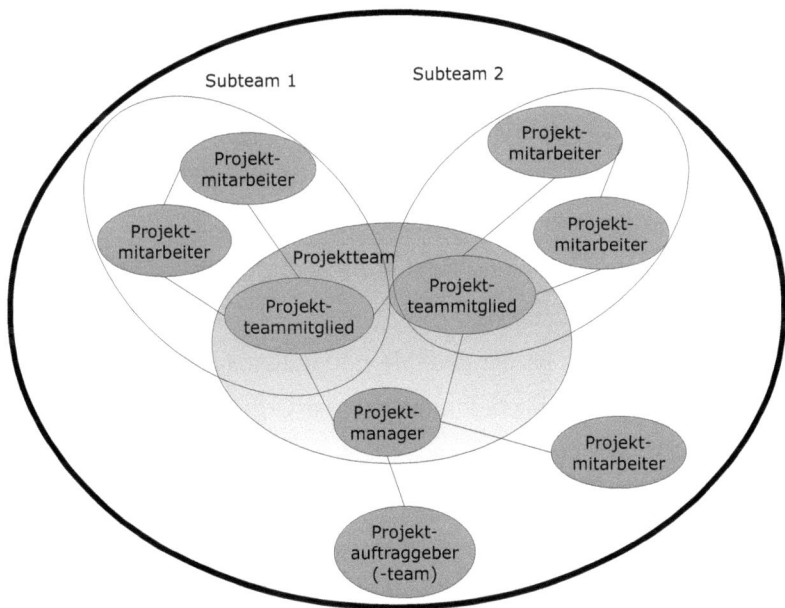

Abbildung 2.5: Projektorganigramm nach Roland Gareis[20]

Aus dem Beispielorganigramm sind auch die wichtigsten Projektrollen ersichtlich: Projektauftraggeber(-team), Projektmanager, Projektteam-mitglied und Projektmitarbeiter.

Die Rolle des *Projektauftraggebers*, bzw. des *Projektauftraggeber-teams* ist besonders wichtig, da im projektorientierten Unternehmen durch ihn, bzw. sie die organisatorische Eingliederung erfolgt. Durch die richtige Auswahl der Person wird sichergestellt, daß das Projekt die notwendige Aufmerksamkeit und Unterstützung bekommt. Prinzipiell gilt, je komplexer das Projekt ist, desto höher in der Hierarchie sollte der Projektauftraggeber stehen. Auch ist

---

20 [RGHP]: Seite 115, Abb. C3.15

zu beachten, daß ein Projektauftraggeber nur eine begrenzte Anzahl von Projekten im ausreichenden Maß unterstützen kann. Eine wesentliche Aufgabe des Projektauftraggebers liegt in der Führung des Projektmanagers. Ebenso liegt ein Teil der Projektkommunikation zu den relevanten Umwelten in seiner Verantwortung. Weiters ist für die Rolle als Projektauftraggeber unabdingbar, das die ausführende Person die notwendigen strategischen Kompetenzen im Unternehmen hat. Nicht zuletzt unterstützt der Projektauftraggeber das Projektteam bei eventuellen projektinternen und -externen Problemen, wie z. B. Ressourcenkonflikten oder organisatorischen Belangen. Die Praxis zeigt jedoch, daß die hohe Bedeutung für den Projekterfolg oft nicht im notwendigen Ausmaß wahrgenommen wird[21].

Der *Projektmanager* ist die zentrale Integrationsfigur[22] und für das Projektmanagement verantwortlich. Ihm obliegt die Organisation und die Gestaltung des Projektmanagementprozesses (siehe auch Kapitel 2.2.9.) Der Projektmanager startet, koordiniert, controllt und schließt das Projekt mit den adäquaten Projektmanagementmethoden und Kommunikations-mitteln ab, ebenso werden unter seiner Leitung eventuell auftretende Probleme und Diskontinuitäten bewältigt. Der Projektmanager benötigt nicht nur Methodenkompetenz, sondern muß auch den fachlichen Überblick behalten können. Wie Gareis schreibt, ist „die Erfüllung von Projektmanagementaufgaben [...] eine Dienstleistung am Projekt und nicht das Wahrnehmen einer Machtposition."[23] Da die Rolle des Projektmanagers, wie bereist erwähnt, umfangreiche Methodenkompetenz benötigt, sollte ein projektorientiertes Unternehmen über einen Expertenpool von entsprechend ausgebildetem Personal verfügen. Da für die Erfüllung der Projektmanagementaufgaben einiges an Zeit benötigt wird, muß die Anzahl an gleichzeitig zu managenden Projekten begrenzt werden, ebenso ist noch eine zusätzliche Belastung durch das Tagesgeschäft zu

---

21 [RGHP]: vgl. Abb. C3.1, Seite 100
22 [RGHP]: vgl. C3.3 „Bedeutung des Projektmanagers", Seite 102
23 [RGHP]: „Aufgaben und Verantwortung des Projektmanagers", Kapitel C3.3, Seite 102

berücksichtigen. Der Projektmanager muß innerhalb der für das Projekt festgelegten Grenzen Weisungsbefugnis und Entscheidungskompetenz besitzen,
bei allfällig auftretenden Ressourcenkonflikten mit andern Projekten oder der
normalen Unternehmensorganisation sollte er Unterstützung durch den Projektauftraggeber bekommen. Die Praxis zeigt allerdings, daß er oft auf sich
alleine gestellt ist.[24]

Die Rollen *Projektteammitglied* und *Projektmitarbeiter* unterscheiden sich
durch die unterschiedlich starke Integration ins *Projektteam* und Mitarbeit am
Projekt.[25] Das Projektteammitglied ist enger in die Projektorganisation einge-
bunden und gehört gemeinsam mit dem Projektmanager der Kernmannschaft
an. Der Projektmitarbeiter gehört meistens einem *Projektsubteam* an, daß
von einem Projektteammitglied geleitet wird. Projektteammitglieder sind üblicherweise die leitenden Fachexperten des Projektteams, während Projektmitarbeiter eher die ausführenden Fachexperten sind. Die richtige Auswahl der
Personen für diese Rollen ist maßgebend für den inhaltlichen Erfolg des Projekts, es muß also darauf geachtet werden, die richtigen Experten für die zu
bearbeitenden Themen im Team zu haben. Ebenso müssen die ausgewähl-
ten Personen für diese Projektrollen von der normalen Unternehmensorganisation die Möglichkeit bekommen, ihre Ressourcen entsprechend in das
Team einbringen zu können. Die Praxis zeigt, daß gerade hier und besonders
in wenig projektorientierten Unternehmen häufig Ressourcenkonflikte zwischen der Unternehmens- und Projektorganisation entstehen. Durch die Projektteammitglieder und die Projektmitarbeiter werden die Inhalte der einzelnen Arbeitspakete abgearbeitet. Besonders die Projektteammitglieder unterstützen den Projektmanager bei den Aufgaben des Projektmanagements. Die
Projektteammitglieder und Projektmitarbeiter nehmen auf Einladung durch

---

24 [RGHP]: vgl. Abb. C3.3, Seite 103
25 [RGHP]: vgl. „Bedeutung des Projektteammitglieds und des Projektmitarbeiters", Kapitel C3.4,
    Seite 105

den Projektmanager an den gemeinsamen Sitzungen und Workshops teil und berichten laufend über den Status des zugeteilten Arbeitspaketes.

Prinzipiell ist der *Multirollen*-Einsatz von Personen in einem Projekt möglich. So kann ein Projektmanager durchaus auch Agenden eines Projektteammitglieds übernehmen und ein Projektteammitglied kann auch in einem anderen Projektsubteam die Aufgaben eines Projektmitarbeiters haben. Allerdings ist hierbei auf die Trennung der jeweils eingenommenen Rollen zu achten und diese auch deutlich zu kennzeichnen. Personen, die gleichzeitig mehrere Rollen in einem Projekt übernehmen, sind deshalb auch für jede einzelne Rolle im Organigramm einzutragen. Diesen Personen muß auch die dadurch entstehende zusätzlich Verantwortung und Belastung bewußt sein. Ebenso ist auch hier wieder auf eine mögliche Überlastung einzelner Personen zu achten.

2.2.5   Projektstrukturplan

Mithilfe des Projektstrukturplans wird das Projekt in zeitlich aufeinanderfolgende Phasen gegliedert und der zu bewältigende Inhalt in kleine, leicht
handhabbare Portionen, die Arbeitspakete unterteilt.

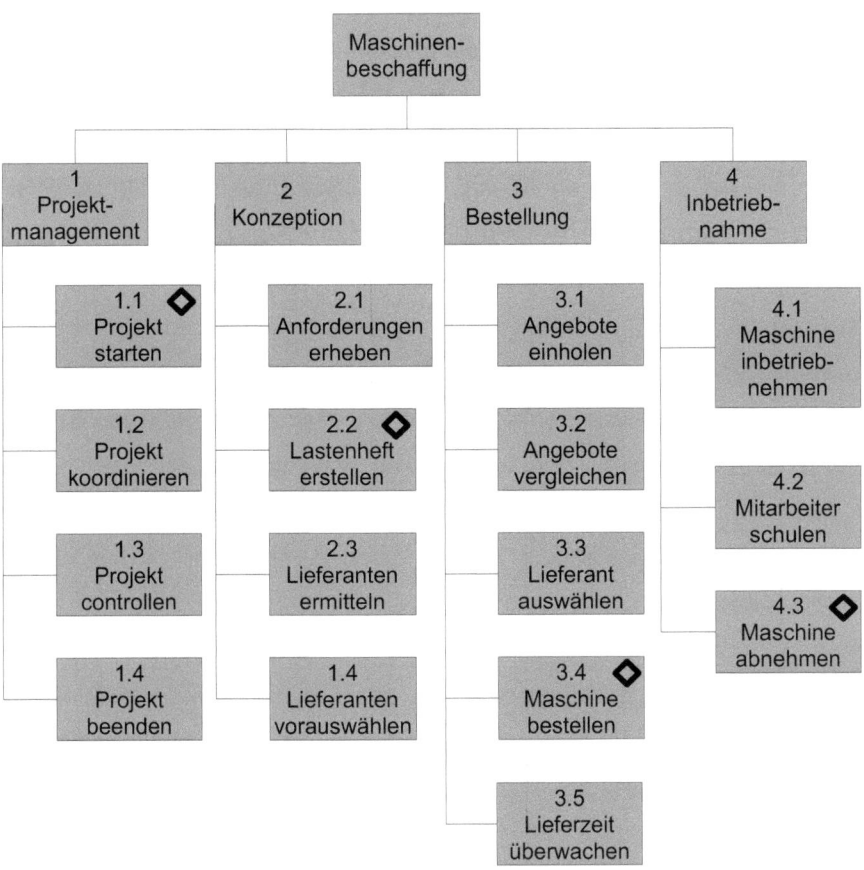

Abbildung 2.6: Projektstrukturplan am Beispiel eines einfachen, fiktiven
Maschinenbeschaffungsprojekts; die Arbeitspakete sind zur eindeutigen Identifizierung
nummeriert; Arbeitspakete mit einer Raute enthalten einen Meilenstein

Der Projektstrukturplan bildet auch die Basis für eine detaillierte Zeit-, Kosten- und Ressourcenplanung, da ausgehend von den Arbeitspaketen der notwendige Aufwand einfacher abgeschätzt werden kann.

Die Erstellung des Projektstrukturplans sollte gemeinsam im Projektteam erfolgen, da nur die jeweiligen Fachexperten den notwendigen Arbeitsaufwand kennen. Einzelne Arbeitspakete bekommen einen Besitzer zugeteilt, der für die ordnungsgemäße Abarbeitung verantwortlich ist. Für entsprechend komplexe Arbeitspakete bietet sich ein schriftliche Vereinbarung, die Arbeitspaketbeschreibung, an, in der Arbeitspaketziele, Inhalte, Tätigkeiten, das Budget und die notwendigen Ressourcen festgelegt werden. Wie aus der Abbildung 2.6 ersichtlich ist, werden die einzelnen Arbeitspakete mit eindeutigen Bezeichnungen bestehend aus einer Gliederungsnummer und einem Namen identifiziert. Bei der Namensgebung ist zu beachten, das sprechende Bezeichnungen mit einem Subjekt und einem Verb verwendet werden. Die Projektphasen werden aus dem Projektantrag übernommen und bei Bedarf überarbeitet. Die Phasen können zusätzlich noch thematisch untergliedert werden, z. B. könnte eine Phase „Konstruktion" in „Mechanik" und „Elektrik" geteilt werden. Prinzipiell können so viele Ebenen verwendet werden, wie je nach Komplexität notwendig und der Übersichtlichkeit des Projektstrukturplans dienlich sind. Die Anzahl der Phasen sollte nicht über sieben liegen, anderenfalls müsste geprüft werden, ob das Projekt in mehrere Projekte geteilt werden kann, oder Phasen zusammengefasst werden können. Jedes Projekt sollte als Phase 1 das Projektmanagement enthalten, die Verantwortung für diese Arbeitspakete trägt immer der Projektmanager.

Weiters können im Projektstrukturplan bereits Meilensteine eingetragen werden. Meilensteine sind besondere Ereignisse im Projekt, die wesentlich für den Projektfortschritt und Erfolg sind. Meilensteine können einem Arbeitspaket zugeordnet sein und an dessen Anfang oder Ende eintreten oder eigenständige Gliederungspunkte bilden. Für den Name eines Meilensteins bietet sich eine Bezeichnung an, was zu diesem Zeitpunkt erreicht worden sein soll, z. B. „Maschine bestellt". Ein Projekt hat jedenfalls mindestens zwei Meilensteine: Für den Anfang („Projekt gestartet") und das Ende („Maschine abgenommen" oder „Projekt beendet".)

Wie aus den zeitlich aufeinanderfolgenden Phasen und den Meilensteinen ersichtlich ist, gibt es hier einen mehr oder weniger fliessenden Übergang zur Zeitplanung.

2.2.6 Zeitplanung

Wie bereits im Kapitel 2.2.5 erwähnt, dient der Projektstrukturplan als Basis für die Zeitplanung, da durch die Unterteilung in Arbeitspakete und die Einfügung von Meilensteinen eine einfachere Abschätzung des notwendigen Aufwands gegeben ist. Um die Projektdauer korrekt ermitteln zu können, werden hier in einem „Bottom-up"-Ansatz die notwendigen Zeiten für die einzelnen Arbeitspakete abgeschätzt.

Als erstes Werkzeug bietet sich die *Meilensteinliste* an, bei der die Meilensteine mit ihrer zugehörigen Gliederungsnummer und dem gewünschten Fertigstellungsdatum eingetragen werden. Das Fertigstellungsdatum kann im ersten Schritt als relative Zeitdauer in Bezug zum Projektstarttermin festgesetzt werden, sollte aber im weiteren Verlauf der Planung als fixes Kalenderdatum eingetragen werden.

Nummer	Bezeichnung	Datum
1.1	Projekt gestartet	1 Tag
2.2	Lastenheft erstellt	3 Wochen
3.4	Maschine bestellt	13 Wochen
4.3	Maschine abgenommen	25 Wochen

Abbildung 2.7: Meilensteinliste für das fiktive Projekt „Maschinenbeschaffung"; das Datum ist hier relativ zum Projektstarttermin angegeben

Das zweite relevante Werkzeug zur Zeitplanung ist der *Balkenplan*, bzw. erweitert als *vernetzter Balkenplan*. Beim Balkenplan werden die benötigten Zeitspannen aller Arbeitspakete graphisch in einem Kalender aufgetragen. In vielen Projekten können mehrere Arbeitspakete auch parallel, bzw. überlappend stattfinden. Ausgehend vom Projektstarttermin kann dann die Gesamtdauer des Projekts ermittelt werden. Andererseits muß berücksichtigt werden, daß sich die Gesamtprojektdauer durch Betriebsferien, Feiertage oder ähnliches verlängern kann.

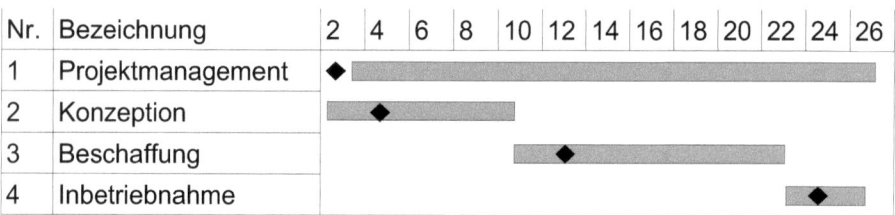

Nr.	Bezeichnung	2	4	6	8	10	12	14	16	18	20	22	24	26
1	Projektmanagement													
2	Konzeption													
3	Beschaffung													
4	Inbetriebnahme													

Abbildung 2.8: Einfacher Balkenplan für das fiktive Projekt „Maschinenbeschaffung", der nur die Projektphasen berücksichtigt; der kalendarische Maßstab wurde auf zwei Wochen eingestellt; die Meilensteine sind gemäß der Meilensteinliste eingetragen

Je komplexer und umfangreicher ein Projekt ist, desto unübersichtlicher wird der Balkenplan. Deshalb sollte dieser mithilfe einer entsprechenden EDV-Software erstellt werden, um je nach Bedarf den Detaillierungsgrad und den Zeitmaßstab einstellen zu können.

Außerdem sollte in Hinblick auf das Projektcontrolling der Balkenplan zum vernetzten Balkenplan erweitert werden. Hier werden zusätzlich zeitliche Beziehungen zwischen den Arbeitspaketen hergestellt; es wird also eingetragen, ob z. B. ein Arbeitspaket erst begonnen werden kann, wenn ein anderes beendet wurde (Ende-Anfang) oder zwei Arbeitspakete gleichzeitig fertig werden sollen (Ende-Ende), o. ä.. So sind einerseits kritische Abhängigkeiten erkennbar, andererseits können bei Nutzung einer passenden EDV-Software Verschiebungen automatisch nachgeführt werden.

2.2.7 Ressourcen- und Budgetplanung

Die Ressourcen- und Budgetplanung wird ebenfalls auf Basis der Arbeitspakete des Projektstrukturplan erstellt. Durch den jeweiligen Arbeitspaketverantwortlichen wird gemeinsam mit dem Projektmanager und bei Bedarf auch den weiteren Projektteammitglieder ermittelt, welche Ressourcen und welches Budget für das jeweilige Arbeitspaket benötigt werden.

Zuerst werden für alle benötigten Ressourcen-, bzw. Kostenarten, wie z. B. internes und externes Personal, Fremdleistungen oder Zukaufmaterial, einzeln je Arbeitspaket die Planmengen ermittelt. Die genauen zu planenden Ressourcen- bzw. Kostenarten können sich je nach Unternehmen und Projekt unterscheiden. Anschließend werden die jeweiligen Verrechungspreise mit den Planmengen multipliziert, um die Plankosten zu erhalten. Weiters werden dann die Einzelplankosten zu den jeweiligen Arbeitpaketkosten, den Gesamtphasenkosten und den Gesamtprojektkosten addiert.

Bislang wurden nur die insgesamt benötigten Ressourcen geplant, es wurde jedoch keine Rücksicht auf die Verfügbarkeit genommen, dies erfolgt in der Ressourcenfeinplanung. So können zeitgleich benötigte Ressourcen projektintern zu Konflikten führen (Bsp.: ein Mitarbeiter kann nicht gleichzeitig an zwei Arbeitspaketen mit voller Leistung arbeiten), es können Fremdleistungen nur zu bestimmten Zeiten oder aber zu erhöhten Kosten verfügbar sein (Bsp.: Berater kann zur gewünschten Zeit nur mit Mehrkosten beraten, oder zu den gewünschten Kosten, aber dann nur zu einem anderen Zeitpunkt) oder es können sich Konflikte hinsichtlich der Lieferzeiten von Zukaufmaterialien ergeben. Besonderes Augenmerk ist auf die Planung von Engpaßressourcen zu setzen[26], da diese für den Projekterfolg kritisch sind. Aufgrund der Ergebnisse der Ressourcenfeinplanung ist die Zeitplanung entsprechend zu überarbeiten.

---

26 [PMB]: vgl. Folie 116

Bei der Detaillierung der Budgetplanung ist ihre Struktur hinsichtlich des Projektcontrollings zu beachten. So kann ein zu geringer Detaillierungsgrad die Früherkennung im Controlling verhindern und ein zu hoher Detaillierungsgrad kann einen erhöhten Arbeitsaufwand bedeuten.

2.2.8 Werkzeuge für den Projektabschluß

Das wichtigste Werkzeug für den Projektabschluß ist sicherlich die Überprüfung der Ziele. Dazu müssen die Ziele, wie bereits unter 2.2.2 erwähnt, entsprechend gestaltet worden sein. Idealerweise wurde auch die Meßmethode implizit oder explizit bereits vereinbart. Sind die erreichten und die vereinbarten Werte innerhalb einer vereinbarten Schwankungsbreite deckungsgleich, kann das Projekt als voller Erfolg betrachtet werden. Liegen die erreichten Werte über oder unter den vereinbarten Werten, ist zu überprüfen, was die Ursache dafür ist. Besonders gefordert wird die Überprüfung üblicherweise bei einer Unterschreitung, da das Projekt nicht erfolgreich abgeschloßen wurde. Aber auch bei einer Überschreitung ist eine Überprüfung erforderlich, da einerseits die Ziele falsche angesetzt worden sein könnten, oder andererseits verschiedene Faktoren bei der Planung unberücksichtigt geblieben sind.

Aus dieser Überprüfung der Ziele entstehen auch üblicherweise die „Lessons Learned" eines Projektes. In diesen wird unter anderem beschrieben, warum die Ziele erreicht, bzw. über- oder unterschritten wurden, wie das Projektteam die emotionale Atmosphäre erlebt hat, wie die Beziehungen zu den Umwelten waren und wie das Projektmanagement erlebt wurde.

Projektabschlußbericht			
Zielerreichung			
Ziel	Zielplanwert	Zielistwert	Bemerkung

Gesamteindruck:

Reflexion: Leistungserfüllung, Termintreue

Reflexion: Einhaltung der Ressourcen- und Budgetplanung

Reflexion: Projektumweltbeziehungen, Beziehung zu anderen Projekten

Reflexion: Teamarbeit, Einsatz von Projektmanagement

Lessons Learned:

Version:	Datum:	Erstellt

Abbildung 2.9: Beispiel für einen Projektabschlußbericht[27]

Gareis schreibt zum Projektabschluß: „Im Projektabschlußprozess sind einerseits der Projekterfolg und andererseits die Leistungen der Mitglieder der Projektorganisation zu beurteilen."[28] Die Beurteilung erfolgt für den Projektmanager durch den Projektauftraggeber, andererseits soll auch der Projektauftraggeber durch den Projektmanager, bzw. das Projektteam bewertet werden. Die Beurteilung für das Projektteam erfolgt durch den Projektauftraggeber und den Projektmanager, die einzelnen Beurteilungen der Projektteammitglieder erfolgen durch den Projektmanager. Ebenso darf und soll auch der Projektmanager durch sein Team bewertet werden. Eine entsprechende Kritikfähigkeit und Bewertungskultur in einem projektorientierten Unterneh-

---

27 [RGHP]: vgl. Abb. F5.5, Seite 392
28 [RGHP]: siehe Kapitel F 5.2 Leistungsbeurteilung, Seite 392

men stellt eine wichtige Basis für die Weiterentwicklung der gesamten Organisation und der einzelnen Personen dar.

Aus dem Projektabschluß sollte außerdem ein „To-Do-Liste" für die Nachprojektphase entstehen, in der alle Tätigkeiten aufgeführt werden, die nach dem Abschluß des Projekts noch zu erledigen sind, aber nicht mehr unmittelbar zum Projekt gehören. Das kann z. B. eine Nachverfolgung oder die Verwaltung von Informationen sein oder Tätigkeiten die als Vorbereitung für ein nachfolgendes Projekt dienen.

2.2.9 Projektmanagementprozess

Der Projektmanagementprozess ist der Einsatz aller notwendigen Werkzeuge in der richtigen Reihenfolge und Intensität, um den Erfolg des Projekts sicherzustellen. Die in den Kapiteln 2.2.1 bis 2.2.7 bereits erwähnten Werkzeuge werden zu Beginn des Projektmanagementprozesses eingesetzt, um den Prozess planen zu können und um eine Basis für die laufende Projektkoordination und das Projektcontrolling zu bekommen. Die im Kapitel 2.2.8 beschriebenen Werkzeuge werden zum Projektabschluß eingesetzt, um das Projekt ordnungsgemäß zu beenden, die Erreichung der Ziele zu überprüfen, die erarbeiteten Information in einer wiederverwendbaren Form abzulegen und für die Zukunft zu lernen („Lessons Learned".)

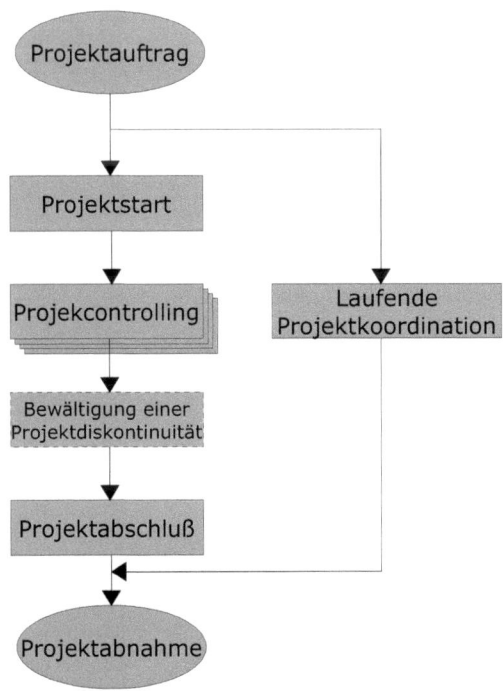

Abbildung 2.10: Projektmanagement Prozess[29]

2.2.9.1 Laufende Projektkoordination

Die laufende Projektkoordination erfolgt während der gesamten Dauer des Projekts und wird durch den Projektmanager durchgeführt. Sie beinhaltet hauptsächlich die Umsetzung der geplanten Maßnahmen in das abzuarbeitende „Tagesgeschäft". Durch die laufende Projektkoordination soll sichergestellt werden, daß es zu möglichst wenig Schnittstellenreibung zwischen einzelnen Projektteammitgliedern, Subteams, Umwelten oder andern beteiligten Rollen kommt. Die laufende Projektkoordination ist die tägliche Arbeit des Projektmanagers[30]. Der Projektmanager erfüllt dies durch Kommunikation via Email, Telefon oder persönlichem Gespräch mit den relevanten Rollen und

29 [RGHP]: siehe Abb. E1.1, Seite 166
30 [RGHP]: vgl. „Bedarf nach einer professionellen Projektkoordination, Kapitel E1.4, Seite 176

Umwelten. Wie die Praxis zeigt ist ein persönliches Gespräch – wo immer möglich- die zielführendste Methode. Hierbei ist jedoch besonders auf die Dokumentation der Kommunikation zu achten, um den Informationsfluß, wenn notwendig, zurückverfolgen zu können[31].

Die „Ziele des Projektkoordinationsprozesses"[32] nach Gareis sind:

- Laufende Information der Mitglieder der Projektorganisation und der Vertreter relevanter Projektumwelten,
- Sicherung des laufenden Projektfortschritts und der Qualität der Arbeit- spaketergebnisse durch Controlling des Arbeitspaketfortschritts und Abnahme von Arbeitspaketen,
- die laufende Koordination der Projektressourcen,
- das Kontrollieren des Arbeitspaketfortschritts und
- die Abnahme von Arbeitspaketen.

2.2.9.2 *Projektcontrolling*

Das Projektcontrolling ist von der laufenden Projektkoordination insofern verschieden, als es periodisch und nicht laufend erfolgt.

Nach Gareis sind die „Ziele des Projektcontrollingprozesses"[33]:

- Feststellung des Projektstatus, Konstruktion einer gemeinsamen Pro- jektwirklichkeit,
- Vereinbarung steuernder Maßnahmen,
- Neuvereinbarung der Projektziele, Weiterentwicklung der Projektkultur, der Projektorganisation,
- Updating der Projektpläne
- Erstellung der Projektcontrollingberichte (Projektfortschrittsberichte, Project Score Card),
- Organisation des organisatorischen Lernens des Projekts,

---

31 [FXW05]: vgl. Kapitel 7.2, Seite 89, dritter Absatz
32 [RGHP]: siehe „Ziele des Projektkoordinationsprozesses", Kapitel E1.4, Seite 175
33 [RGHP]: siehe „Ziele des Projektcontrollingprozesses", Kapitel E1.5, Seite 177

- effiziente Gestaltung des Projektcontrollingprozesses.

Wie aus dieser Auflistung von Zielen bereits hervorgeht, dürfen und müssen die Projektpläne im Laufe des Projektcontrollings überarbeitet und an veränderte Bedingungen angepaßt werden. Planmodifikationen, die die Budget- oder Terminsituation, bzw. die inhaltliche Situation erheblich ändern, sind jedenfalls vom Projektauftraggeber freigeben zu lassen.

Die Häufigkeit eines formalen Projektcontrollings ergibt sich aus der Komplexität des Projekts. Nach Gareis sollte bei einem sechs Monate dauernden Projekt alle drei bis vier Wochen ein Projektcontrolling durchgeführt werden; bei einem 24 Monate dauerenden Anlagenbauprojekt ist alle 2 Monate ein Projektcontrolling mit dem Projektauftraggeber und jedes Monat ein Projektfortschrittsbericht sinnvoll; jedenfalls sollte bei Erreichen eines Meilensteins ein Projektcontrolling erfolgen[34].

Zur Durchführung eines Projektcontrollings ist die Erfassung der Ist-Daten, ein Soll-Ist-Vergleich und eine Abweichungsanalyse, sowie die Planung steuernder Maßnahmen, bzw. die Neuplanung des Projekts und die Erstellung eines Projektcontrollingberichts notwendig[35]. Die Durchführung des Projektcontrollings ist ein diskontinuierlich ablaufender Regelkreis. Falls der Projektauftraggeber nicht am Projektcontrolling mitwirkt, ist er jedenfalls über das Ergebnis zu informieren.

2.2.10 Projektmarketing

Das Projektmarketing umfaßt alle Tätigkeiten um mit den relevanten Umwelten in Beziehung zu treten und die Projektinhalte in geeigneter Weise zu präsentieren. Die Praxis zeigt, daß bei vielen Projekten eine Konzentration auf die inhaltlichen Aspekte erfolgt und die Notwendigkeit der Kommunikation

---

34 [RGHP]: vgl. „Bedarf nach einem professionellen Projektcontrolling", Kapitel E1.5, Seite 179
35 [RGHP]: vgl. „Ablauf des Projektcontrollingprozesses", Kapitel E1.5, Seite 179f

nach Außen vernachläßigt wird, obwohl sie für die Akzeptanz und den Projekterfolg entscheidend sein kann.[36]

Nach Gareis sind die „Ziele des Projektmarketings"[37]:

* die Sicherung einer entsprechenden Managementaufmerksamkeit und von

* adäquaten Ressourcen für das Projekt,

* die Sicherung der Akzeptanz der (Zwischen-)Ergebnisse des Projekts,

* die Minimierung von Konflikten im Projekt und

* die Förderung der Identifikation der Mitglieder der Projektorganisation mit dem Projekt.

Im Unterschied zum klassischen Marketing liegt der Schwerpunkt auf der Kommunikationspolitik, die Distributions-, Produkt- und Preispolitik tritt dabei in den Hintergrund. Gareis schreibt, daß „Projektmarketing [...] eine Projektmanagement-Aufgabe [ist], die in allen Teilprozessen des Projektmanagement zu erfüllen ist."[38] Und weiter: „Die Definition eines Projekts [...] stellt bereits eine wesentliche Marketingmaßnahme dar."[39] Im Projektantrag sind bereits die wesentlichen Eckpunkte des Projekt definiert und mit einer entsprechenden Aufbereitung können diese kommuniziert werden. Das weitere Projektmarketing sollte im Laufe des Projekts dem Bedarf entsprechend, aber doch gleichmäßig verteilt erfolgen. Wichtig beim Projektmarketing ist auch, die Adressaten zu kennen und die für diese Zielgruppe notwendigen Information in einer angepaßten Form zu präsentieren. Es darf weder zu wenig, noch zu viel Information bezogen auf die jeweilige Zielgruppe weitergegeben werden, z. B. werden Arbeiter, die mit einer zu beschaffenden Maschine arbeiten

---

36 [RGHP]: vgl. „Problemstellen: Zu wenig Projektmarketing!", Kapitel E1.8, Seite 203
37 [RGHP]: siehe „Ziele des Projektmarketings: Tu Gutes und sprich darüber!", Kapitel E1.8, Seite 203
38 [RGHP]: siehe „Projektmarketing in den Projektmanagement-Teilprozessen", Kapitel E1.8, Seite 205
39 [RGHP]: s. o.

müssen, andere Information benötigen, als die Geschäftsführung, der Grundstücksnachbar oder die Gewerbebehörde.

2.2.11 Verknüpfungen von Projekten

Projekte sind temporäre Organisation zur Bewältigung definierter, komplexer, relativ einmaliger und zielgerichteten Tätigkeiten. Sie stehen in Beziehung zu ihrer Umwelt und interagieren mit ihr. Besonders im projektorientierten Unternehmen besteht ein Teil dieser Umwelten aus andere Projekten. Projekte können also Beziehungen zueinander haben und in verschiedener Art und Weise mit einander verknüpft sein. Projekte können einem gemeinsamen Themenkreis angehören, aufeinander folgen oder ein gemeinsames Ziel verfolgen.

Alle Projekte, die in einem projektorientierten Unternehmen bearbeitet werden, sind im *Projektportfolio* zusammengefasst. Das Projektportfolio gibt einen Überblick zu einem bestimmten Zeitpunkt, welche Projekte abgeschlossenen sind, aktuell bearbeitet werden und geplanten sind. Das Portfolio dient als Entscheidungshilfe, welche Projekte zur Unternehmensstrategie passen und deshalb gestartet werden sollen. Das Projektportfoliomanagement eines Unternehmens ist Aufgabe des strategischen Managements und kann durch eine Projektsteuergruppe wahrgenommen werden. In den Sitzungen der Projektsteuergruppe werden Projektanträge präsentiert, diskutiert und über die Durchführung entschieden, eventuell werden Projektauftraggeber und Projektmanager nominiert und es werden die Ergebnisberichte entgegengenommen. Die Verwaltung erfolgt durch ein Projektmanagement-Office in einer Datenbank. Außerdem übernimmt das Projektmanagement-Office üblicherweise die Koordination von Projektmanagement-Standards im Unternehmen und unterstützt die Projektmanager in Hinblick auf die Methodenkompetenz. Für die Leitung eins Projektmanagement-Offices empfiehlt sich daher eine erfahrener Projektmanager.

Wie bereits zu Beginn des Kapitels 2.1 erwähnt, besteht das *Programm* aus mehreren Projekten, die auf ein gemeinsames Ziel hinarbeiten. Dies kann zum Beispiel das Programm „Produktionsrestrukturierung" sein, daß unter anderem aus den Projekten „Maschinenbeschaffung" und „Rüstzeitopti-mierung" besteht. Nach Gareis werden Programme „[...] zur Erfüllung eines einmaligen Prozesses großen Umfangs, der von hoher strategischer Bedeu-tung und zeitlich befristet ist [eingesetzt]. Für solche umfangreichen und bedeutenden Aufgaben ist das Konstrukt „Projekt" nicht mehr adäquat."[40] Jedes Programm bedarf eines Programmmanangers und hat im wesentlichen die gleichen Strukturen, wie ein Projekt. Es werden im Programmmanage-ment auch die gleichen Werkzeuge wie im Projektmanagement eingesetzt, allerdings auf einer übergeordneten Ebene. Projekte in einem Programm kön-nen parallel, überlappend oder nacheinander abgearbeitet werden. Wichtige Aufgaben des Programmmanagements ist die Koordinierung zwischen den Projekten und die Sicherstellung des Informationsflusses.

Projekte, die zeitlich und inhaltlich aufeinander aufbauen, können in einer *Projektkette* organisiert werden. Hierbei ist die Vorprojektphase des nachfolgenden Projekts die Nachprojektphase des vorhergehenden Projekts und umgekehrt. Ein Beispiel hierfür ist die Abwicklung eines Konzeptions-eines Planungs- und eines Realisierungsprojekts für eine große Anlage. Eine solche Projektkette bietet den Vorteil, daß sie nach dem Ende eines Projekts abgebrochen werden kann, die bisher beendeten Projekte aber erfolgreich beendet werden konnten. Wenn z. B. nach dem Planungsprojekt die Investiti-onskosten für eine Anlage vorliegen, kann eine Investitionsentscheidung unabhängig von den einzelnen Projekten erfolgen und es ist kein Abbruch eines großen Beschaffungsprojekt notwendig. Die Projektkette kann als eine Art „Stage-Gate"-Modell verwendet werden. Die Projekte einer Projektkette

---

40 [RGHP]: siehe Kapitel G1.1 „Konstrukt 'Programm'", Seite 401
siehe dazu auch Abbildung 2.1, Seite 8 dieser Master-Thesis!

müssen aber nicht unmittelbar aufeinander folgen, z. B. liegt zwischen dem Realisierungsprojekt und dem Außerbetriebnahmeprojekt einer großen Anlage die Betriebsphase. Diese Zwischenphasen können sich über lange Zeiträume hinziehen und die Projekte müssen nicht notwendigerweise von der gleichen Organisation abgewickelt werden. Trotzdem sind Information und Entscheidungen eines Projekts für das andere mitunter von großer Bedeutung.

3 Eignung von attributiven Prüfprozessen auf Grundlage der Poisson-Verteilung

3.1 Poisson-Verteilung

Anmerkung: Dieses Kapitel wurde auf Grundlage des Kapitels „2.3.4 Poisson – Verteilung (Fehler pro Einheit)"[41] des Buchs „Qualitätssicherung – Statistische Methoden" von Dr. Wolfgang Timischl und des Kapitels „2.2.1.3 Poisson-Verteilung"[42] des Buchs „Statistische Verfahren zur Maschinen- und Prozessqualifikation" von Dr.-Ing. Edgar Dietrich und Dipl.-Ing. Alfred Schulze geschrieben.

Mit der Poisson-Verteilung werden Werte je Einheit beschrieben, also z. B.: Lackfehler je Karosserieteil, Isolationsfehler je Kupferdrahtspule, Webfehler je Stoffballen, Rosinen je Kuchen, Druckfehler je Buchseite oder Kunden in einem Geschäftslokal je Zeiteinheit. Es geht also nicht um die Fragestellung, ob Einheiten fehlerhaft sind, sondern ob eine bestimmte Fehleranzahl unter- oder überschritten wird. Die Wahrscheinlichkeit $g(x)$, daß je Einheit ein bestimmter Wert x bei einem Mittelwert μ erwartet werden kann, wird mit folgender Formel berechnet:

$$g(x|\mu) = \frac{\mu^x}{x!} * e^{-\mu} \quad \textit{für } x \in \mathbb{N}$$

Abbildung 3.1: Wahrscheinlichkeitsfunktion der Poisson-Verteilung

Die kumulierte Wahrscheinlichkeit, bzw. die Summenwahrscheinlich-keit $G(x)$, die aussagt, mit welcher Wahrscheinlichkeit mindestens x Fehler je Einheit gefunden werden, berechnet sich wie folgt:

---

41 [WTQS]: vgl. Kapitel „2.3.4 Poisson – Verteilung (Fehler pro Einheit)", Seite 73ff
42 [DSSV]: vgl. Kapitel „2.2.1.3 Poisson-Verteilung", Seite 57ff

$$G(x) = \sum_{i=0}^{x} g(i) \quad \text{für } i \in \mathbb{N}$$

Die Schätzung des Mittelwertes μ erfolgt anhand einer Stichprobe und berechnet sich mit der nachstehenden Formel:

$$\mu \leftarrow \hat{\mu} = \frac{x_1 + x_2 + x_3 + \dots x_k}{n_1 + n_2 + n_3 + \dots n_k} = \frac{\sum\limits_{i=1}^{k} x_i}{\sum\limits_{i=1}^{k} n_i}$$

Häufig wird angegeben, welche mittlere Fehlerzahl je Einheit zu erwarten ist, z. B. 0,8 Isolationsfehler je 100 m Kupferdraht. Die Ermittlung des Mittelwerts für eine gewünschten Einheit von z. B. 250 m erfolgt dann so:

$$\mu = \frac{\text{gewünschte Einheit}}{\text{Bezugsgröße}} * \text{Fehleranzahl} = \frac{250\text{m}}{100\text{m}} * 0,8 = 2$$

Die Daten für die Berechnung des Zufallsstreu- und des Vertrauensbereichs sind in der nachfolgenden Tabelle angegeben:

	Zufallsstreubereich $x_{un} \leq x \leq x_{ob}$		Vertrauensbereich $\mu_{un} \leq \mu \leq \mu_{ob}$	
einseitig oben	$G(x; \mu)$	$\geq 1\text{-a}$	$G(x; \mu_{ob})$	$=a$
einseitig unten	$G(x\text{-}1; \mu)$	$\geq a$	$G(x\text{-}1; \mu_{un})$	$=1\text{-a}$ für $x \geq 1$
zweiseitig	$G(x\text{-}1; \mu)$ $G(x; \mu)$	$\leq a/2$ $\geq 1\text{-a}/2$	$G(x\text{-}1; \mu_{un})$ $G(x; \mu_{ob})$	$=1\text{-a}/2$ für $x \geq 1$ $=a/2$

Abbildung 3.5: Formeln für Zufallsstreu- und Vertrauensbereich bei Poisson-Verteilung; mit x gleich der Anzahl der Fehler pro Einheit, a gleich der Irrtumswahrscheinlichkeit, n gleich dem Stichprobenumfang und G(x) gleich der Verteilungsfunktion

Der Zufallsstreubereich wird verwendet, wenn von einer bekannten Grundgesamtheit auf die Stichprobe geschlossen wird; es kann also gesagt werden, in welchen Bereich eine Stichprobe mit einer bestimmten Wahrscheinlichkeit liegen wird[43]. Der Vertrauensbereich hingegen wird verwendet, wenn von einer Stichprobe auf die Grundgesamtheit geschlossen werden soll; anhand der Stichprobenkennwerte soll also eine Aussage über die Grundgesamtheit gemacht werden und dafür gibt der Vertrauensbereich an, mit welche Wahrscheinlichkeit diese Aussage zutrifft[44]. Der Vertrauensbereich hängt auch vom Umfang der Stichprobe ab, je größer dieser ist, desto exakter wird die Aussage. Wichtig ist hierbei auch, daß die Art der Wahrscheinlichkeitsverteilung bekannt ist, bzw. übereinstimmt.

Die Poisson-Verteilung besitzt außerdem eine Eigenschaft, die Timischl ohne weitere Begründung anführt: Den „Additionssatz der Poisson-Verteilung." Ist die Fehleranzahl einer Einheit poissonverteilt mit dem Mittelwert μ_1 und werden n gleichartige Einheiten zu einer neuen, größeren Einheit zusam-

---

43 [DSSV]: vgl. Kapitel 2.1.6 „Definition des Zufallsstreubereiches", Seite 45
44 [DSSV]: vgl. Kapitel 2.1.5 „Definition des Vertrauensbereiches", Seite 44

mengefasst, dann ist der neue Mittelwert μ_2 genau n mal μ_1. Der Erwartungs-wert (d. h., die mittlere Fehleranzahl) erhöht sich im gleichen Ausmaß, in dem die Einheit zusammengefasst werden. Der Zufallsstreubereich nimmt hinge-gen nicht im gleichen Ausmaß, sonder deutlich geringer zu – die Unsicherheit wird also kleiner. Es ist daher von Vorteil, möglichst viele Einheiten zu größe-ren Prüfeinheiten zusammenzufassen.

Für sehr kleine Einheiten im Vergleich zur Fehlergröße geht die Wahr-scheinlichkeit mindestens einen Fehler zu finden gegen 100%. Für Mittel-werte $\mu \geq 9$ kann die Poisson-Verteilungen durch die Normalverteilung ange-nähert werden.

3.2 Eignung von attributiven Prüfprozessen

Anmerkung: Dieses Kapitel wurde auf Grundlage des Kapitels 6 „Eig-nungsnachweis von attributiven Prüfprozessen"[45] des Buchs „Prüfprozesseig-nung – Prüfmittelfähigkeit und Messunsicherheit im aktuellen Normenumfeld" von Dr.-Ing. Edgar Dietrich und Dipl.-Ing. Alfred Schulze verfasst.

3.2.1 Allgemeines zum Einsatz von Lehren

Attributive Prüfprozesse sind dadurch charakterisiert, daß nicht ein genauer Meßwert eines Merkmals gemessen werden soll, sondern nur, ob das Merkmal „in Ordnung" (IO) oder „nicht in Ordnung" (NIO) ist; eventuell kann als drittes Kriterium „Nacharbeit möglich" verwendet werden. Oftmals werden aus wirtschaftlichen, manchmal auch technischen Gründen keine anzeigenden Meßgeräte, sondern Lehren verwendet. Aufgrund von Ferti-gungstoleranzen haften Lehren immer eine Prüfunsicherheit an, ebenso hat der Benutzer der Lehre einen wesentlichen Einfluß auf den Prüfprozess. Es

---

45 [DSPE]:vgl. Kapitel 6 „Eignungsnachweis von attributiven Prüfprozessen", Seite 117ff

sollte daher immer die Frage gestellt werden: „Ist der attributive Prüfprozess für die konkrete Messaufgabe geeignet oder nicht?"[46]

Durch die Verwendung von Lehren anstatt von anzeigenden Meßgeräten gehen Informationen verloren. Ein Lehre kann nur angeben, ob ein Fehler aufgetreten ist oder nicht; mit ihr kann aber keine Aussage darüber getroffen werden, wo der Wert des Merkmals in Relation zum Grenzwert liegt. Es können daher auch keine Trends verfolgt werden, aus denen frühzeitig Maßnahmen abgeleitet werden können. Eine Reaktion kann also immer erst dann erfolgen, wenn der Fehler bereits aufgetreten ist. In vielen Fällen lohnt sich daher die Anschaffung teurerer anzeigender Meßgeräte, da somit die Produktionsqualität gesteigert werden kann. Lehren müssen regelmäßig geprüft werden, da sie sich durch die Verwendung abnutzen können. In der Regel kann eine abgenutzte Lehre nicht wie ein anzeigendes Meßgerät nachgestellt werden, sondern muß ausgeschieden werden. Problematisch sind Lehren auch dann, wenn kleine Toleranzbereiche überwacht werden müssen. Hingegen haben Lehren den Vorteil einer einfachen und schnellen Handhabung, Formprüfungen sind einfach möglich, üblicherweise sind es genormte Prüfmittel und sie haben einen geringen Anschaffungspreis.

Die Verwendung von Lehren ist trotz weniger, aber wesentlicher Vorteile weit verbreitet. Bei ihrem Einsatz sind einige Regeln für eine erfolgreiche attributive Prüfung zu beachten. Die Lehren müssen ohne hohen Kraftaufwand handhabbar sein, die Gut-Lehre muß einfach und ohne Zwang auf das zu prüfende Merkmal passen, bzw. umgekehrt, darf die Schlecht-Lehre nur „anschnäbeln", wenn das zu prüfende Merkmal in Ordnung ist. Außerdem sind die Benutzer der Lehren umfassen über die Handhabung zu unterweisen, den Benutzern sind ausreichende Übungen mit Lernkontrolle zu ermöglichen und die Benutzer sind regelmäßig zu schulen. Vorteilhaft ist weiters eine hohe Motivation des Benutzers hinsichtlich der Sorgfalt im Umgang mit Prüf-

---

46 [DSPE]: siehe 2. Absatz, Kapitel 6.1 „Lehren", Seite 117

mitteln, sowie Sauberkeit und Ordnung am Arbeitsplatz. Auch ein ergonomisch gestalteter Arbeitsplatz unterstützt den Erfolg der attributiven Prüfung.

3.2.2 Poisson-Verteilung und attributive Prüfung

Bei Vorhandensein einer Poisson-Verteilung wird nicht die Fehlergröße gemessen, sondern nur die Anzahl der Fehler je Einheit ermittelt. Oftmals geschieht dies in Verbindung mit einer Unter-, bzw. Obergrenze der Fehlergröße, z. B.: darf die Größe zulässiger Lackfehler 10 µm nicht überschreiten oder die Isolation eines Kupferdrahts muß mindestens 100 MW betragen. Wird der jeweilige Grenzwert unter- oder überschritten so hat die Einheit einen Fehler, aber der genaue Wert des Fehlers ist unabhängig davon nicht relevant, da der Fehler bereits aufgetreten ist.

3.2.3 Eignungsnachweis attributiver Prüfmethoden

3.2.3.1 „Short Method" nach MSA 2. Ausgabe

Die „Short Method" ist in der MSA 2. Auflage[47] und ebenfalls im VDA Band 5[48] enthalten. Da ihre Anwendung in Fachkreisen umstritten ist, wurde sie in der 3. Ausgabe der MSA durch den in Kapitel 3.2.3.2 beschriebene „Erweiterten Nachweis" ersetzt. Aufgrund ihrer Einfachheit in der Anwendung wird sie hier trotzdem kurz behandelt.

Für die „Short Method" werden 20 Prüfobjekte ausgewählt und die Merkmale, für die die Eignung des Prüfsystems bestimmt werden soll genau vermessen. Um eine entsprechende Aussagekraft zu bekommen, müssen die Prüfobjekt so ausgewählt werden, daß sie nicht in der Toleranzmitte, bzw. weit außerhalb der Toleranzgrenzen liegen, sondern um die Toleranzgrenzen herum angeordnet sind. Für eine einseitig Toleranzgrenze werden daher zehn Prüfobjekte knapp unterhalb und zehn Prüfobjekte knapp oberhalb der Toleranzgrenze ausgewählt. Bei zwei Toleranzgrenzen werden je fünf Prüfobjekte, knapp unterhalb und oberhalb der unteren, sowie der oberen Toleranzgrenze ausgewählt.

Die Prüfobjekte werden nun von zwei Benutzern mit den vorgesehen Lehren zweimal so überprüft, daß sie sich nicht gegenseitig und auch nicht bei ihren Wiederhohlungsprüfungen beeinflussen. Dazu werden die nummerierten Prüfobjekte in zufälliger Reihenfolge

---

47 [MSA]: zitiert nach [DSPE]: 4. Absatz, Kapitel 6.1 „Lehren", Seite 117
48 [VDA5]: zitiert nach [DSPE]: 4. Absatz, Kapitel 6.1 „Lehren", Seite 117

geprüft. Das Ergebnis der einzelnen Prüfung wird in einer, wie unter Abbildung 3.6 darge-stellten Tabelle eingetragen. Ergebnisse, die in Ordnung sind, werden mit einem „+" mar-kiert, bzw. umgekehrt mit einem „-". Anschließend wird überprüft, ob alle Ergebnisse über-einstimmen. Um diesen Eignungsnachweis erfolgreich zu bestehen, müssen die zwei Prü-fer bei ihren zwei Wiederhohlungsprüfungen immer zum selben Ergebnis kommen. Ande-renfalls ist der Prüfprozess oder die verwendeten Lehren nicht geeignet.

n	$X_{A;1}$	$X_{A;2}$	$X_{B;1}$	$X_{B;2}$	Übereinstimmung
1	+	+	+	+	Ja
2	+	-	+	+	Nein
...	...	...	...	...	...
10	+	+	-	-	Nein
11	+	+	+	+	Ja
...	...	...	...	...	...
19	-	-	+	-	Nein
20	+	+	+	+	Ja

Abbildung 3.6: Ergebnis für die attributive Prüfung nach der „Short Method"

Wie aus der obenstehenden Abbildung ersichtlich ist, wäre das Ergebnis negativ, da mindestens bei einem Prüfobjekt keine Übereinstimmung erzielt worden ist. Wie auch erkennbar ist, kann die „Short Method" relativ einfach und schnell durchgeführt werden, bringt aber nur unter optimalen Bedingungen ein brauchbares Ergebnis. Wie eingangs bereits erwähnt, ist sie aufgrund dieser Fehleranfälligkeit in Fachkreisen umstritten.

3.2.3.2   „Erweiterte Methode" nach MSA 3. Ausgabe

Die „Erweiterte Methode" ersetzt in der 3. Ausgabe der MSA die „Short Method". Die MSA ist Bestandteil der QS-9000 Referenzhandbücher und dient als Richtlinie für die Anwendung dieser Methode[49].

Die MSA (3. Ausgabe) enthält zwei Methoden zur Untersuchung attributi-ver Meßsysteme: *„Testen von Hypothesen mit Kreuztabellen"* und *„Beurtei-lung der Effektivität"*. Zusätzlich wird noch die *„Methode zur Signalerken-*

---

49 [DSPE]: vgl. 1. Absatz, Kapitel 6.5.1 „Einleitung", Seite 123

nung" beschrieben, mit der der Graubereich bestimmt wird, in dem der Prüfer zu keinem eindeutigen Ergebnis kommt. In der MSA (3. Ausgabe) wird laut Dietrich und Schulze „explizit erwähnt, daß für die beiden ersten Methoden „Testen von Hypothesen" und „Beurteilung der Effektivität" die Entscheidungskriterien und Grenzwerte nicht durch theoretische Herleitungen begründet sind, sondern auf Erfahrungswerten und auf individuellen Einschätzungen beruhen. Daher muß der Anwender seine endgültigen Entscheidungskriterien davon abhängig machen, welche Risiken in Bezug auf den Prozess bzw. auf den Endkunden daraus entstehen."[50] Obwohl also bei diesen Methoden das volle unternehmerische Risiko getragen werden muß, reduziert ihr Einsatz die Höhe des Risikos, da ein methodischer und systematischer Ansatz vorhanden ist.

Dietrich und Schulze beschreiben in ihrem Buch einen Beispiel-Prozess mit der Prozessfähigkeit p_k und p_{pk} gleich 0,5, dessen Teile aussortiert werden müssen. Die Abbildung 3.7 zeigt die Zonen I, II und III. Eindeutigkeit über die Aussage herrscht in den Zonen I (übereinstimmend schlecht) und III (übereinstimmend gut), im Graubereich II (widersprüchliche Prüfentscheidung) hingegen können Fehlentscheidungen entstehen. Es stellt sich daher die Frage: „Ist die Unsicherheit der Fehlentscheidung in diesem Graubereich akzeptabel oder nicht?"

---

50 [MSA]: zitiert nach [DSPE]: siehe Seite 127, 3. Absatz

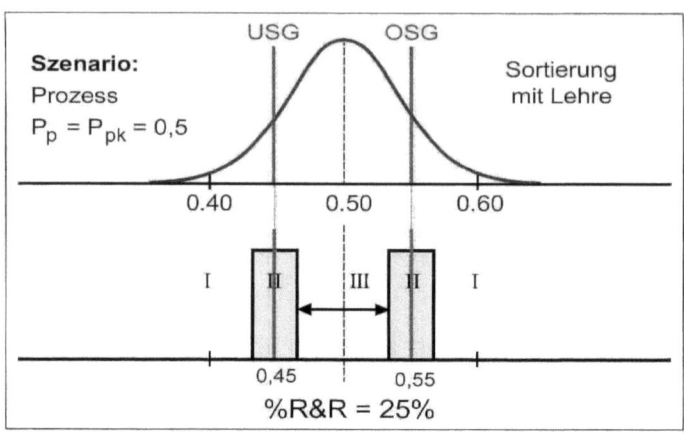

Abbildung 3.7: Beispielprozess mit Darstellung der Zonen I, II und III[51]

Für die Prüfung werden dem Prozess 50 repräsentative Prüflinge entnommen, die sowohl innerhalb und außerhalb der Spezifikation und an den Grenzen liegen. Die Prüfung wird von drei Prüfern je dreimal in zufälliger Reihenfolge durchgeführt. Erkennt ein Prüfer ein Teil als „i.O." wird es in der Tabelle mit „1" eingetragen, bei „n.i.O." wird es mit „0" eingetragen. Die Übereinstimmung wird folgendermaßen eingetragen: Liegen alle Ergebnisse innerhalb der Toleranz, wird mit einem „+" markiert; liegen alle Ergebnisse außerhalb, wird mit einem „-" markiert; ist mindestens eine Abweichung enthalten wird mit einem „x" markiert.

---

51 [DSPE]: siehe Abbildung 6-4, Seite 123

n	$X_{A;1}$	$X_{A;2}$	$X_{A;3}$	$X_{B;1}$	$X_{B;2}$	$X_{B;3}$	$X_{C;1}$	$X_{C;2}$	$X_{C;3}$	Ref.	Ref.-wert	Überein-stimmung
1	1	1	1	1	1	1	1	1	1	1	0,47	+
2	0	0	0	0	0	0	0	0	0	0	0,57	-
...	...	...	...	...	...	...	...	...	...	...	...	...
25	1	1	1	1	1	0	1	0	1	1	0,55	x
26	0	0	1	0	0	0	1	0	0	0	0,44	x
...	...	...	...	...	...	...	...	...	...	...	...	...
48	0	0	0	0	0	0	0	0	0	0	0,41	-
49	1	1	1	1	1	1	1	1	1	1	0,49	+
50	0	1	0	1	0	1	0	1	0	1	0,45	x

Abbildung 3.8: Ergebnis für attributive Prüfung nach der „Erweiterten Methode"[52]

Beim „Testen von Hypothesen mit Kreuztabellen" geht es darum, zu untersuchen, wie oft die Prüfer in ihren Entscheidungen übereinstimmen und ob diese Übereinstimmung systematisch oder zufällig zustande kommt. Man geht davon aus, das eine große Übereinstimmung der Ergebnisse, den wahren Zustand der Teile wiederspiegelt.

		Entscheidung Prüfer A		Gesamt Zeile
		schlecht	gut	
Entscheidung Prüfer B	schlecht	44 0,2933	6 0,04	50
	gut	3 0,02	97 0,6467	100
Gesamt Spalte		47	103	150

Abbildung 3.9: Beispiel einer Kreuztabelle für die beobachteten Häufigkeiten (oberer Wert) und Anteile (unterer Wert) bei zwei Prüfern[53]

Für die beobachtete Häufigkeit werden die Ergebnisse aus einer Tabelle wie in Abbildung 3.8 ausgewertet und in die Kreuztabelle nach Abbildung 3.9

52 [DSPE]: vgl. Abbildung 6-5 und 6-6, sowie Tabelle 6.1 und 6.2, Seite 124f
53 [DSPE]: vgl. Tabelle 6.3 und Tabelle 6.4, Seite 128f

eingetragen. Die beobachteten Anteile werden durch Dividieren der Häufigkeit durch die Gesamtanzahl (150) berechnet.

Um die zufällige Übereinstimmung bestimmen zu können, muß der erwartete Anteil und die erwartete Häufigkeit berechnet werden. Dazu werden jeweils die Zeilen- und Spaltensummen durch die Anzahl der Gesamtzahl (150) dividiert und über Kreuzmultiplikation die erwarteten Anteile bestimmt. Durch Multiplikation der erwarteten Anteile mit der Gesamtanzahl (150) bekommt man die erwartete Häufigkeit. Die Berechnung ist aus Abbildung 3.10 ersichtlich.

| | | Entscheidung Prüfer A | | Gesamt Zeile |
		schlecht	gut	
Entscheidung Prüfer B	schlecht	0,33*0,31=0,104 15,7	0,33*0,69=0,229 34,3	50/150=0,33
	gut	0,67*0,31=0,209 31,3	0,67*0,69=0,458 68,7	100/150=0,67
Gesamt Spalte		47/150=0,31	103/150=0,69	150

Abbildung 3.10: Beispiel einer Kreuztabelle für den erwarteten Anteil (oberer Wert) und Häufigkeit (unterer Wert)[54]

Um den Grad der Übereinstimmung zu berechnen, werden jene Anteile addiert, bei denen die Prüfer übereinstimmend auf „gut" und auf „schlecht" entschieden haben. So erhält man für die beobachteten Anteile den Wert P_o = 0,94 und für die erwarteten Anteile den Wert P_e = 0,562. Wird P_o = 1, dann ist die Übereinstimmung der Prüfer vollkommen. Von diesem Wert muß allerdings noch P_e abgezogen werden, um zufällige Übereinstimmungen zu eliminieren. So erhält man den Index k, der eine Maßzahl für den Grad der Übereinstimmung darstellt.

---

54 [DSPE]: vgl. Tabelle 6.5 und Tabelle 6.6, Seite 128f

$$\kappa = \frac{P_o - P_e}{1 - P_e} = \frac{0,94 - 0,562}{1 - 0,562} = 0,86$$

Abbildung 3.11: Index k nach Cohen[55] als Maßzahl für die Übereinstimmung

Der Wert des Index k kann Werte zwischen -1 und +1 annehmen. Liegt der Index im Bereich -1 ≤ k < 0, dann sind die beobachteten Übereinstimmungen kleiner als die zufälligen. Liegt der Index hingegen im Bereich 0 < k ≤ +1, dann sind die beobachteten Übereinstimmungen größer als die zufälligen. Ist der Index k = 0, dann ist die Summe der beobachteten Übereinstimmungen gleich der Summe der zufälligen Übereinstimmungen.

Ab welchem Grenzwert für k ist aber nun die Übereinstimmung als zu gering einzustufen? Das Referenz-Handbuch der MSA gibt einen Wert von k ≥ 0,75 an, ab dem eine gute Übereinstimmung gegeben ist. Ist der Wert für k hoch, stimmen die Prüfentscheidungen wahrscheinlich mit den Teilen überein – dies ist aber keinesfalls sicher. Ist der Wert hingegen niedrig, ist das Prüfsystem nicht geeignet[56].

Die oben beschriebenen Methode gibt aber genau genommen nur an, ob die Prüfer übereinstimmen – nicht jedoch, wie genau das Prüfsystem gute und schlechte Teile trennen kann. Um über die *Effektivität* des Prüfsystems eine Aussage treffen zu können, werden Referenzwerte der zu prüfenden Merkmale benötigt. Die Effektivität bestimmt sich aus der Relation der korrekten Entscheidungen zu allen Entscheidungen. Nach der MSA[57] kann in vier Fällen die Effektivität bestimmt werden:

1. Effektivität bei einem Prüfer ohne Referenz-Vergleich: Die Entscheidungen des Prüfers stimmen bei allen Wiederholungen überein

---

55 [DSPE]: siehe Punkt 3, Seite 130 und „Index Kappa berechnen", Seite 131
56 [MSA]: zitiert nach [DSPE]: vgl. „Grenzwert für Kappa", Seite 132
57 [MSA]: zitiert nach [DSPE]: vgl. Kapitel 6.5.3, Seite 132ff

2. Effektivität bei einem Prüfer mit Referenz-Vergleich: Die Entscheidungen des Prüfers stimmen bei allen Wiederholungen mit dem Referenzwert überein

3. Effektivität bei allen Prüfer ohne Referenz-Vergleich: Die Entscheidungen aller Prüfers stimmen bei allen Wiederholungen überein

4. Effektivität bei allen Prüfer mit Referenz-Vergleich: Die Entscheidungen aller Prüfers stimmen bei allen Wiederholungen mit dem Referenzwert überein

Nach Dietrich und Schulze ist die Bestimmung der Fälle 1 und 3 ohne Referenzwerte eine Alternative zu Cohens k; wenn also Referenzwerte vorhanden sind, bringt nur die Bestimmung der Effektivität in den Fällen 2 und 4 einen Informationsgewinn.

Auf Basis der F-Verteilung kann der zweiseitige Vertrauensbereich zum Vertrauensniveau 1-a wie folgt bestimmt werden:

$$p_{ob} = \frac{(x+1) * F_{f1;f2;1-\alpha/2}}{n - x + (x+1) * F_{f1;f2;1-\alpha/2}}$$

$$p_{un} = \frac{x}{x + (n - x + 1) * F_{f1;f2;1-\alpha/2}}$$

Abbildung 3.12: Zweiseitiger Vertrauensbereich der Effektivität mit dem F-Wert (F_{ob}) für die Freiheitsgrade f_1 =2*(x+1) und f_2 =2*(n-x) und dem F-Wert (F_{un}) für die Freiheitsgrade f_1 =2*(n-x+1) und f_2 =2*x; wobei n der Stichprobenumfang und x die Anzahl der richtigen Entscheidungen ist

Für n ist in dem von Dietrich und Schulze beschriebenen Beispiel 50 einzusetzen. Im 1. Fall ist für x die Übereinstimmung eines Prüfers innerhalb seiner Wiederholungen einzusetzen und im 2. Fall die Übereinstimmungen der einzelnen Prüfer mit dem Referenzwert. Überschneiden sich die Vertrauensbereiche der Prüfer, so gibt es keine signifikanten Unterschiede zwischen den Entscheidungen der Prüfer und das Prüfsystem ist effektiv.

Im 3. Fall wird die Übereinstimmung aller Prüfer und im 4. Fall die Übereinstimmung aller Prüfer mit dem Referenzwert bestimmt. Die MSA gibt hier als Annahmekriterien für die Eignung von Prüfsystemen[58] folgendes an:

Entscheidung Das Prüfsystem ist...	Effektivität	Anteil schlecht als gut	Anteil gut als schlecht
... für den Prüfer geeignet	≥90%	≤2%	≤5%
... für den Prüfer eingeschränkt geeignet – Verbesserungen empfehlenswert	≥80%	≤5%	≤10%
... für den Prüfer nicht geeignet – Verbesserungen notwendig	<80%	>5%	>10%

Abbildung 3.13: Annahmekriterien laut MSA für die Eignung von Prüfsystemen

Dietrich und Schulz schließen daraus richtig, daß ein Prüfmittel, welches mit 90% Effektivität und 2% Anteil schlecht als gut angenommen wird, Lieferungen an den Kunden zuläßt, die 20.000ppm fehlerhafter Teile enthalten dürfen!

Die *Methode der Signalerkennung* zielt darauf ab, den Graubereich (Zone II), in dem die Prüfer zu keiner Entscheidung kommen, zu bestimmen. Dazu sind zwingend die Referenzwerte der Prüfobjekte notwendig. Dazu werden die in der Tabelle in Abbildung 3.8 eingetragenen Prüfergebnisse nach ihren Referenzwerten aufsteigend sortiert. Man erhält damit eine Tabelle mit einer Abfolge von Übereinstimmungen, die mit „-" beginnt, zwischen zwei Bereichen „x" einen Bereich „+" enthält und wieder mit einem Bereich „-" endet. Als nächstes berechnet man die Spannweiten der beiden Graubereiche, die mit „x" markiert sind und den Mittelwert der beiden Spannwerte. Die-

---

58 [MSA] zitiert nach [DSPE]: Seite 134

ser Mittelwert wird durch die zulässige Toleranz dividiert und man erhält die Breite des Graubereichs in Prozent. Die MSA gibt allerdings keinen Hinweis darauf, wie mit der Situation umzugehen ist, wenn die Prüfer im Graubereich übereinstimmend entscheiden.

4 Das Projekt „Pinholedetection"

Das Projekt „Pinholedetection" wurde initiiert, um die Qualitätssicherung der Oberfläche polierter Stahlbänder zu automatisieren. In diesem Kapitel wird beschrieben, wie polierte Stahlbänder bei Berndorf Band hergestellt werden, wie die Oberfläche inspiziert wird und welche Anwendungen die Kunden von Berndorf Band mit polierten Stahlbändern realisieren, um die Oberflächenspezifikation zu verstehen. Weiters wird das Projektmanagement bei Berndorf Band näher erläutert und am Beispiel des Projekt „Pinholedetection" praktisch dargestellt. Dazu werden einige technische Aspekte, sowie die zurückliegende Entwicklung und ein Ausblick in die Zukunft dieses Projekts beleuchtet. Am Ende dieses Kapitels wird der Versuch unternommen, den Weg zu einem Eignungsnachweis für die Prüfmethode „Pinholedetection" darzustellen.

4.1 Das polierte Stahlband bei Berndorf Band

4.1.1 Herstellung

4.1.1.1 Allgemeines zu Herstellung von Stahlbändern

Stahlbänder werden bei Berndorf Band grundsätzlich in endloser Weise hergestellt, obwohl auch einige Coil-to-Coil-Entwicklungen im Gange sind. Endlose Herstellung heißt, daß die Enden des Stahlbandes bei der Bearbeitung miteinander verschweißt werden und das Band um zwei Trommeln umläuft. Bei Berndorf Band werden die Stahlbänder deshalb endlos hergestellt, da dies dem Einbauzustand in der Kundenanlage entspricht und so auf einige Parameter, wie den Geradelauf oder die Kantengeradheit, besser und direkter Einfluß genommen werden kann. Nachteilig allerdings ist, daß für jeden Auftrag andere Einbaulängen benötigt werden (schwierig bei der

Arbeitsvorbereitung) und außerdem für längere Bänder auch immer größere Aufspannkräfte benötigt werden. Das Verschweißen der Bandenden kann in der Bearbeitungsmaschine erfolgen, dann spricht man vom offenem Ein- und Ausbauen, oder außerhalb der Anlage, dann spricht man vom endlosen Ein- und Ausbauen des Bandes. Der offene Einbau ist grundsätzlich einfacher und wird daher wo immer möglich bevorzugt – meistens auch in den Anlagen der Kunden. Beim endlosen Einbau, müssen einige Teile der Bearbeitungsmaschinen entfernt werden und es werden – selbst mit technischen Hilfsmitteln – wesentlich mehr Mitarbeiter benötigt. Der offene Einbau wird üblicherweise von zwei Bandwerkern erledigt, der endlose Einbau kann zehn oder mehr Mitarbeiter in Anspruch nehmen. Der endlose Ein- und Ausbau, wird also nur dort angewendet, wo die Schweißnaht nicht beim Kunden verarbeitet werden kann, z. B. bei einem Teil der polierten Bänder.

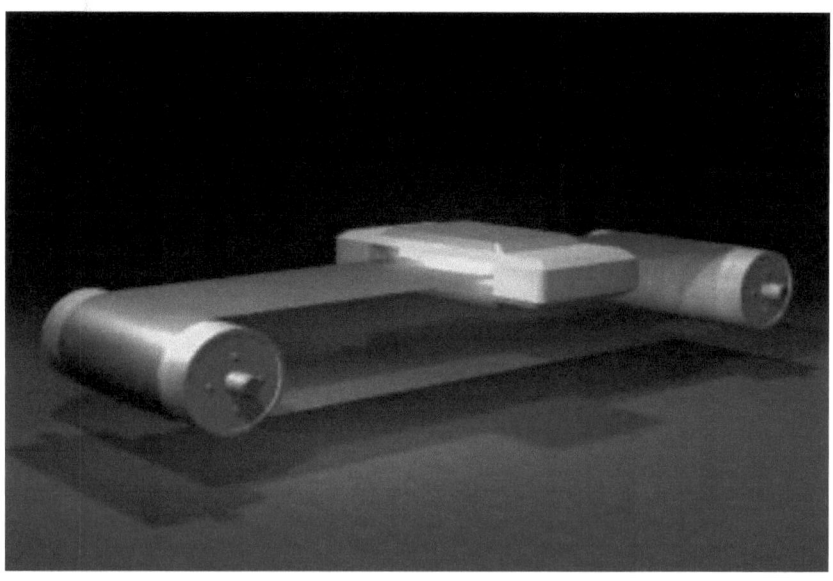

Abbildung 4.1: Prinzip-Beispiel einer endlosen Bandbearbeitungsmaschine (Computer-Graphik) bei BBG, das Stahlband ist zwischen zwei Umlenktrommeln aufgespannt, dazwischen ist eine Bearbeitungsmaschine eingebaut (Quelle: BBG)

Die Bandbearbeitungsmaschinen bei Berndorf Band bestehen zumeist aus einer Antriebsstation und einer Steuerstation, die beide in Schienen verfahren werden können und so auf die jeweilige Bandlänge eingestellt werden können. Die Antriebstrommel wird durch einen starken Elektromotor und ein Getriebe angetrieben und läßt das Band im Kreis laufen. Die Steuertrommel kann durch meistens hydraulische, oder auch elektrische Systeme in ihrer Position relativ zu den Untersätzen der Steuerstation und damit längs und schräg zur Bandlaufrichtung verstellt werden. Das Verstellen längs der Bandlaufrichtung dient zum Aufspannen des Bandes und damit auch der Übertrag der Antriebskraft, das Verstellen schräg zur Bandrichtung dient dazu, den Lauf des Bandes so zu steuern, daß es nicht quer zur Bandlaufrichtung auswandern kann.

Abbildung 4.2: Spanntrommel der BRM7 im Vordergrund (rechts unten im Bild), im Hintergrund (links oben) ist die Außenschleifmaschine zu sehen (Quelle: BBG)

Zwischen den beiden Stationen können bei einigen Anlagen die Bearbeitungswerkzeuge je nach Bedarf eingebaut werden, bei anderen Anlagen, sind diese fix eingebaut. Zu den Bearbeitungswerkzeugen gehören bei Berndorf Band unter anderem Querschweißvorrichtungen zum Herstellen von Produktionsschweißnähten, Richtmaschinen zum Richten des Stahlbandes diverse Werkzeugträger mit denen Schweißnähte verarbeitet werden können, Bandschleifmaschinen für die Innen- und Außenseite des Bandes und Anlagen zum Polieren der Bandoberfläche. Außerdem können direkt an den Stationen Werkzeuge z. B. zum Besäumen der Stahlbänder angebracht werden.

Abbildung 4.3: Bei BBG eingesetzte Richtmaschine (mitte rechts im Bild) und weitere Komponenten (links) der Fertigungslinie FL2 (Quelle: BBG)

Zu den Coil-to-Coil-Technologien bei Berndorf Band gehört die Eingangskontrolle von Stahlcoils, das Längsschweißen von zwei Bandteilen oder das Bekleben des Bandes mit Spur- oder Stauleisten.

4.1.1.2 Herstellung polierter Stahlbänder

Für die Herstellung polierter Stahlbänder wird hochreiner Chrom-Nickel-Edelstahl verwendet. Die Edelstahlbarren werden vom Lieferanten stranggegossen und anschließend in einem Walzwerk auf die entsprechende Dicke und Breite gewalzt, zu Coils aufgerollt und walzblank an Berndorf Band geliefert. Nach der Anlieferung wird die Oberfläche des Bandstahls auf Fehler, die eine Polierfähigkeit des Materials verhindern, kontrolliert.

Bei Vorliegen eins Auftrags durch einen Kunden, wird ein passender Stahlcoil aus dem Vormateriallager ausgewählt und die entsprechende Länge inklusive der Überlänge, die für die Produktion benötigt wird, abgeschnitten. Dann wird das Stahlband in eine Bearbeitungsmaschine eingebaut und die Enden verschweißt. In dieser ersten Bearbeitungsmaschine wird das Band erstmalig auf seine geometrischen Eigenschaften, wie z. B. den Geradelauf, die Wölbung und den Hang überprüft und das Band solange gerichtet, bis diese Parameter der vereinbarten Spezifikation entsprechen. Bei Bedarf wird das Band auf eine geringere Breite inklusive Produktionsüberbreite als die des Stahlcoils besäumt. Anschließend wird das Band wieder aus der Maschine ausgebaut, die Produktionsschweißnaht entfernt und wieder aufgerollt.

Als nächstes wird das Band in eine Schleifmaschine so eingebaut, daß die künftige Innenseite außen ist. Das geschieht deshalb, da die hier verwendete Bearbeitungsmaschine nur eine Außenschleifmaschine, aber keine Innenschleifmaschine hat. Die walzblanke, künftige Innenseite wird solange geschliffen, bis die gewünschten Oberflächeneigenschaften und Dicke erreicht wurden.

Wird das Band beim Kunden endlos eingebaut, wird das Band auseinander geschnitten und die Bandenden zu Schweißung vorbereitet. Anschließend wird das Band gewendet (Produktseite wird nach außen gedreht), in einer speziellen Laserschweißvorrichtung zu einem endlosen Band verschweißt und die Schweißnaht verarbeitet. Danach wird das Band endlos wieder in die Schleifmaschine eingebaut und die Außenseite, also die künftige Produktseite gemäß der Spezifikation auf die richtige Dicke und mit den gewünschten Oberflächeneingenschaften geschliffen. Wird das Band hingegen beim Kunden offen eingebaut, muß es nur gewendet werden und mit einer Produktionsschweißnaht wieder eingebaut und die Außenseite geschliffen werden.

Abbildung 4.4: Fahrbares Polierportal der Fertigpoliermaschine FPM3, oben am Portal sind die Armaturen für die Medienversorgung erkennbar, unterhalb ist die Antriebstrommel mit einem schmalen Stahlband zu sehen (Quelle: BBG)

Anschließend wird das Band, je nach Typ aufgerollt oder endlos ausgebaut, zur Fertigpoliermaschine gebracht und eingebaut – im Falle des endlosen Einbaus mit Hilfe einer Ein- und Ausbauvorrichtung. Nach dem Einlaufen des Bandes wird es von anhaftendem Schmutz gereinigt und zum Polieren vorbereitet. Der erste Schritt ist das sogenannte Vorpolieren, wobei es sich technisch gesehen um einen Schleifvorgang handelt. Hierbei wird die Band-oberfläche mit Schleifsteinen, die auf einem Schleifteller, dem sogenannten Vorpolierkopf befestigt sind in einer feiner werdenden Körnungsreihe bearbeitet. Die Vorpolierköpfe rotieren parallel zur Bandoberfläche und erzeugen somit eine kreisförmige Schleifstruktur. Die Entfernung des Abriebs und die Kühlung erfolgt mit RO-Wasser (reverse osmose, engl. für Umkehrosmose), also mit sehr reinem Wasser, damit keine Kalkflecken entstehen oder andere Schmutzpartikel eingetragen werden. Der Vorpolierkopf wird von einer sogenannten Polierspindel angetrieben, die auf dem Polierjoch quer zur Bandrichtung verfahren werden kann. Durch diese Bearbeitung entstehen in Längsrichtung Bahnen. Um die Bearbeitungszeit zu verkürzen, können mehrere Polierspindeln und Köpfe gleichzeitig eingesetzt werden. Die Schleifsteine müssen während des Bearbeitungsprozesses immer wieder abgezogen werden und nach ihrem Verschleiß gewechselt werden.

Wenn das Band in der feinsten Körnung vorpoliert und die gewünschte Oberflächenstruktur hergestellt ist, wird das Band und die Maschine zum Fertigpolieren vorbereitet. Dazu werden die Vorpolierköpfe gegen Polierköpfe ausgetauscht, auf denen ein Poliertuch befestigt ist. Die Fertigpolierköpfe haben zudem eine zentrale Poliermittelzuführung, damit das Poliermittel von innen dem Poliertuch zugeführt werden kann. Das Poliermittel ist eine Suspension eines Schleifmittels mit RO-Wasser und weiteren Stoffen. Die Bandoberfläche wird wieder mit reinem RO-Wasser und sauberer Druckluft gereinigt. Da hierbei aber ein Poliermittelschleier haften bleibt, muß das Band noch separat gereinigt werden. Das Poliertuch nutzt sich durch den Poliervorgang ab und muß regelmäßig ausgetauscht werden. Da die Struktur der Bandoberfläche bereits sehr empfindlich auf Fremdkörper reagiert, werden die bearbeiten Bahnen von einem Mitarbeiter ständig beobachtet. Verfängt sich ein Fremdkörper im Poliertuch, kann ein Kratzer entstehen, die Anlage wird angehalten, das Band zurückgefahren, das Poliertuch gereinigt und anschließend der Bearbeitungsprozess fortgesetzt. Die nun spiegelglänzend polierte Oberfläche des Stahlbandes wird C-Politur genannt. Um den noch anhaftenden Poliermittelschleier zu entfernen, wird das Band mit reinem Graphit eingerußt und dieser mit Baumwollwatte und RO-Wasser wieder entfernt.

4.1.1.3 Qualitätssicherung und Nacharbeit

Anschließend an die Herstellung des Bandes erfolgt die Qualitätsinspektion des Bandes, bzw. der Bandoberfläche. Dies erfolgt derzeit hauptsächlich manuell mit der Unterstützung durch einige Hilfsmittel, wie z. B. ein digitales Video-Mikroskop oder Ultraschall-Dickenmeßgerät. Während der Qualitätsinspektion werden sämtlich Parameter aus internen Vorgaben und der mit dem Kunden vereinbarten Spezifikation überprüft. Dazu gehören die geometrischen Abmessungen des Bandes, wie Länge, Breite, Dicke, Dickengleichmäßigkeit, Hang und Wölbung, sowie die Oberflächenbeschaffenheit. Die Oberflächen-beschaffenheit ist spezifiziert hinsichtlich ihrer Rauheit, sowie der zulässigen Poren und Kratzer. Die geometrischen Abmessungen und die Rauheit werden mit den entsprechenden Meßgeräten vermessen. Die Suche nach Poren und Kratzer erfolgt gemeinsam durch die Mitarbeiter aus dem Fertigungsbereich Polieren und von der Qualitätsinspektion. Diese Mitarbeiter begutachten die gesamte Bandoberfläche, die Poren und Kratzer können unter anderem anhand von Verzerrungen im Spiegelbild erkannt werden. Für die Poreninspektion ist die Beleuchtung von entscheidender Bedeutung, da je nach Typ der Lichtquelle (diffuses oder gerichtetes Licht, Lichtfarbe, etc.) die Oberflächenfehler unterschiedlich gut gefunden werden können. Die gefundenen Poren und Kratzer werden unter Angabe des Abstands ausgehend von der Schweißnaht und dem Randabstand in eine Porenliste eingetragen. Als Hilfsmittel für das Auffinden der Poren und Kratzer dienen verschiedene Mikroskope, darunter kleine Taschenmikroskope und ein digitales Video-

Mikroskop. Die Vermessung der Größe der Poren erfolgt derzeit grob über den optischen Eindruck der Pore und im Bedarfsfall mit der Software des digitalen Video-Mikroskopes.

Aufgrund der Porenliste wird anschließend entschieden, welche Poren innerhalb und welche außerhalb der Spezifikation liegen. Poren, die außerhalb der Spezifikation liegen, müssen repariert werden. Dazu gibt es verschiedene Methoden: *„Packeln"*, *Durchschlagen* und *Ausschweißen*. Das „Packeln" wird angewendet, wenn die Poren nicht allzu groß und tief ist. Dabei wird an der betreffenden Stelle mit einem Schleifstein soviel von der Oberfläche abgetragen, daß die Poren nicht mehr vorhanden ist. Anschließend wird die Stelle wieder manuell poliert und an die Umgebung angepaßt. Das *„Packel"* kann nur verwendetet werden, wenn die vereinbarten (lokale) Dickenabweichung und die Minimumdicke dadurch eingehalten werden. Beim *Durchschlagen* wird mit einem Stift von der Rückseite des Bandes eine kleine Ausbeulung erzeugt und die Stelle anschließend „gepackelt". Dadurch entsteht zwar auch eine lokale Dickenabweichung, die aber hauptsächlich auf der Rückseite des Bandes als Delle zu bemerken ist. Beim *Ausschweißen* wird die Pore zuerst mit einem sehr präzisen Mikro-Fräser bearbeitet und anschließend mit einem speziellen Schweißgerät eine kleine Stahlkugel (Durchmesser ca. 500 µm) eingeschweißt. Diese Stelle muß nun ebenfalls wieder „gepackelt" und händisch poliert werden. Dadurch wird nur eine geringe lokale Dickenabweichung und keine Delle erzeugt. Allerdings kann durch die lokale Änderung der Materialeigenschaften ein Punkt sichtbar bleiben.

Im Anschluß an die werksinterne Qualitätsinspektion und Nacharbeit wird das Band auf seine endgültige Breite besäumt und die Kanten verrundet. Dann erfolgt die Endabnahme des Bandes gemeinsam mit den Mitarbeitern des Kunden. Diese können fallweise eine Woche oder länger dauern, vom

Kunden beanstandete Fehler werden repariert und das Band danach ver-
packt, versendet und beim Kunden eingebaut.

4.1.2 Verwendung

Polierte Stahlbänder werden hauptsächlich in zwei Bereichen eingesetzt:
Bei der Produktion von Acrylglas und von TAC-Film. Eine fast nur mehr histo-
rische Anwendung ist die Produktion von fotografischem Film – aus diesem
Bereich hat sich auch bei Berndorf Band die Herstellung polierter Stahlbänder
entwickelt, ursprünglich jedoch noch aus poliertem Kupfer und Nickel.

Bei TAC-Film handelt es sich um eine hauchdünne (wenige zehn Mikro-
meter) Folie aus dem durchsichtigem Kunststoff Cellulosetriacetat (kurz Tria-
cetat oder TAC.) TAC-Filme werden für die Produktion fast sämtlicher elektro-
nischer Displays benötigt, wie z. B. LCD- und Plasmabildschirme. Das Roh-
material ist für die Herstellung in einem Lösungsmittel gelöst und wird auf das
Stahlband gegoßen. Die große Bandoberfläche ermöglicht eine sehr feine
Verteilung des Rohmaterials und das Verdampfen der flüchtigen Lösemittel.
Nach einem Umlauf des Bandes ist die Folie so weit getrocknet, daß sie mit
einem Schaber vom Band abgezogen werden und aufgewickelt werden kann.
Damit die einwandfreie Durchsichtigkeit und die gleichmäßige Dicke der Folie
gegeben ist, werden von den Kunden sehr hohe Anforderungen an die Bandoberfläche gestellt. Stahlbänder für diese Anwendung haben mittlerweile
Dimensionen von über 100 m Länge erreicht. Die maximale Breite des Bandes liegt bei ca. 2 m, da es weltweit kein Walzwerk gibt, daß breitere Stahlbänder erzeugen kann.

Bei der Herstellung von Acrylglas (besser bekannt unter der Handelsbe-
zeichnung „Plexiglas") wird die flüssige Kunststoffmasse aus Polymethylme-
thacrylat (PMMA) auf die Bandoberfläche gegoßen. Über Schaber wird die
Dicke des zu erzeugenden Acrylglases eingestellt. Anschließende kann die
Masse auskühlen und am Ende der Anlage als harte, durchsichtige Platte

vom Band abgenommen werden. Die Anforderungen an die Bandoberfläche sind hierbei nicht ganz so hoch wie bei der TAC-Film-Produktion. Allerdings sind die benötigten Bandlängen mit ca. 250 m wesentlich größer.

4.2 Projektmanagement bei Berndorf Band

Im Zuge einer Organisationsumstellung bei Berndorf Band im Jahr 2003 wurde entschieden, mit Beginn 2004 bei Berndorf Band ein Projektmanagementoffice zur Steuerung und Koordinierung von Projekten einzurichten und Berndorf Band zu einem projektorientierten Unternehmen hin zu entwickeln. in Zukunft professionelles Projektmanagement für die Umsetzung der Projekte zu verwenden. Ein wichtiger Grund dafür war sicherlich auch, daß die Anlagenbauabteilung der Berndorf Band nicht nur Anlagen für die eigene Produktion entwickeln sollte, sondern verstärkt Anlagen für den Einsatz beim Kunden entwickeln und vertreiben sollte. Mitte 2006 wurde damit begonnen verbindliche Standards und Richtlinien für das Projektmanagement zu implementieren. Zur Unterstützung bei der Einführung von Projektmanagement, bzw. bei der Änderung hin zum projektorientierten Unternehmen wurde die Firma „Roland Gareis Consulting" engagiert. Es wurde außerdem die notwendigen Schulungen ausgearbeitet, wobei die Führungskräfte als Erstes geschult wurden, damit sie die Organisationsänderung voll mittragen konnten. Im Mai 2007 wurden die Richtlinien und Standards verbindlich eingeführt. Am Beginn des Jahres 2008 wurde die Anlagenbauabteilung als eigene Firma ausgegliedert. Seitdem wird zwischen der Berndorf Band GmbH (BBG) als Produktionsunternehmen und Muttergesellschaft und der Berndorf Band Engineering (BBE) als Anlagenbau und Tochterunternehmen unterschieden. Zwischen den beiden Unternehmen gibt es natürlich immer noch enge Verflechtungen und deshalb gibt es auch gemeinsame Projektmanagementstandards und eine enge Zusammenarbeit im Projektmanagementbereich. Beide

Unternehmen haben aber formal eigene Projektmanagementoffices und eigene Projektsteuergruppen.

Die Projektmanagementrichtlinien[59] von BBG und BBE basieren auf der Zusammenarbeit mit „Roland Gareis Consulting" und damit auf den von Roland Gareis in seinem Buch „Happy Projects!"[60] beschriebenen Methoden und Standards. In diesen Richtlinien werden folgende Punkte geregelt:

- Ziele der Richtlinie
- Verpflichtung zum Methodeneinsatz
- Projektdefinition und Projektarten
- Projektmanagementprozess
- Projektstartprozess
- Projektkoordinationsprozess
- Projektcontrollingprozess
- Projektabschlußprozess
- Projektorganigramm
- Projektrollenbeschreibung
- IT-Hilfsmittel für das Projektmanagement
- Standardprojektpläne und Muster-Projektdokumentation

Durch diese Projektmanagementrichtlinien wird sichergestellt, daß alle Mitarbeiter von BBG und BBE von den gleichen Voraussetzungen ausgehen, die gleiche Sprache verwenden und das Projektverständnis für alle Mitarbeiter gleich ist. Das Projektmanagement Office ist als Stabsstelle der Geschäftsleitung das Bindeglied zwischen Unternehmen und Projekt und unterstützt die Projektmanager bei ihrer Aufgabe.

Am Beginn eines Projekts steht bei Berndorf Band die Projektidee, nach Überprüfung der Lösungsmöglichkeiten (Vorstudie) erfolgt die Zeit-, Termin- und Ressourcenplanung (Planungsauftrag). Die BBG-Steuergruppe tagt ein-

59 [PMR]: vgl. gesamte Richtlinien
60 [RGHP]: vgl. gesamtes Buch

mal im Monat und entscheidet über die Erteilung des Projektauftrags und verfolgt den Projektfortschritt.

An der Verbreitung des Projektgedankens, an der Umwandlung zum projektorientierten Unternehmen muß ständig gearbeitet werden. Insbesonders
in der Anfangsphase muß der korrekten Einsatz der Projektmanagementwerkzeuge und die Einhaltung des korrekten Projektprozesses forciert werden. Dieser Umwandlungsprozess kann mehrere Jahre dauern – und die
BBG befindet sich mitten darin.

4.3 Beschreibung der Prüfvorrichtung „Pinholedetection"

Die Prüfvorrichtung „Pinholedetection" besteht aus mehreren digitalen
Kameras, einer mechanischen Vorrichtung zum Positionieren der Kameras
und einer elektronischen Steuerung des Systems inklusive eines   Indus-
trie-PCs.

Die Inspektion der Bandoberfläche erfolgt durch das Aufnehmen mehrere parallel zur Bandrichtung liegender Bahnen durch je eine Kamera. Nach
einem Banddurchlauf werden alle Kameras quer zur Bandrichtung so ver-
schoben, daß die nächsten Bahnen beobachtet werden können. Von der
Auswertesoftware werden alle Bahnen zu einem gesamten Bild der Bandoberfläche zusammengesetzt. Durch eine Überlappung der Bahnen, wird
sichergestellt, daß kein Teil der Bandoberfläche unberücksichtigt bleibt. Allerdings muß die Auswertesoftware dafür doppelt gefundene Fehler erkennen
können. Von der Auswertesoftware wird die Größer der Poren ermittelt, klas-
sifiziert (innerhalb oder außerhalb der Spezifikation) und unter Angabe ihrer
Position in der Porenliste abgespeichert. In einem Testlauf konnte bereits ein-
mal gezeigt werden, daß die Porendetektion prinzipiell funktioniert, allerdings
zeigten sich hierbei Probleme mit der Positionsangabe.

Um die genaue Positionierung der gefunden Fehler zu bestimmen, war ursprünglich vorgesehen, daß die Kameras sowohl die Bandkante, als auch einen Nullpunkt bei der Querschweißnaht erkennen können. In Kombination mit einem Drehgeber an der Antriebstrommel der Fertigpoliermaschine sollte so die exakte Zuordnung der Fehler möglich sein. Trotz Zusicherung und Mithilfe des Kameraherstellers (die US-amerikanische Firma „Weco") konnte dieses Ziel durch den ausführenden Lieferanten der Anlage (die österreichische Firma „Atensor") nicht erreicht werden. Deshalb wurde vereinbart, daß Atensor die Anlage um einen zusätzlichen Lasersensor der Firma „MicroEpsilon" erweitert, der die Bandkanten- und Nullpunktdetektion übernimmt. Dieser zusätzliche Sensor konnte erfolgreich in Betrieb genommen werden und es konnte auch die Funktion des neuen Bauteils nachgewiesen werden.

Allerdings ist derzeit eine Einbindung der Positionsdaten des neuen Sensors durch Atensor in die vorhandene Auswertesoftware von Weco nicht möglich. Trotz mehrmaliger Kontaktaufnahme, scheint Weco derzeit kein Interesse an einer weiteren Zusammenarbeit zu haben. Diese Situation stellt momentan das größte Hindernis bei der Fertigstellung des Prüfsystems dar.

4.4 Vorschläge für den Einsatz von Projektmanagement beim Projekt „Pinholedetection"

Da das Projekt „Pinholedetection" bereits vor der Einführung der verbindlichen Projektmanagementrichtlinie gestartet wurde, wird das Vorhaben zwar als Projekt bezeichnet und so in der Datenbank geführt, es genügt aber noch nicht den formalen Anforderungen. D. h., es wurden für das Projekt bislang keine der notwendigen Methoden, wie z. B. der Projektstrukturplan angewendet und dokumentiert.

Da bei dem Projekt „Pinholedetection", wie im Kapitel 4.3 bereits beschrieben, technische Problem aufgetreten sind, bietet sich an, ab diesem Zeitpunkt das Projekt organisatorisch neu zu planen und zu starten. Im fol-

genden soll versucht werden, Vorschläge für die Anwendung einiger Projektmanagementwerkzeuge in dieser Situation zu finden.

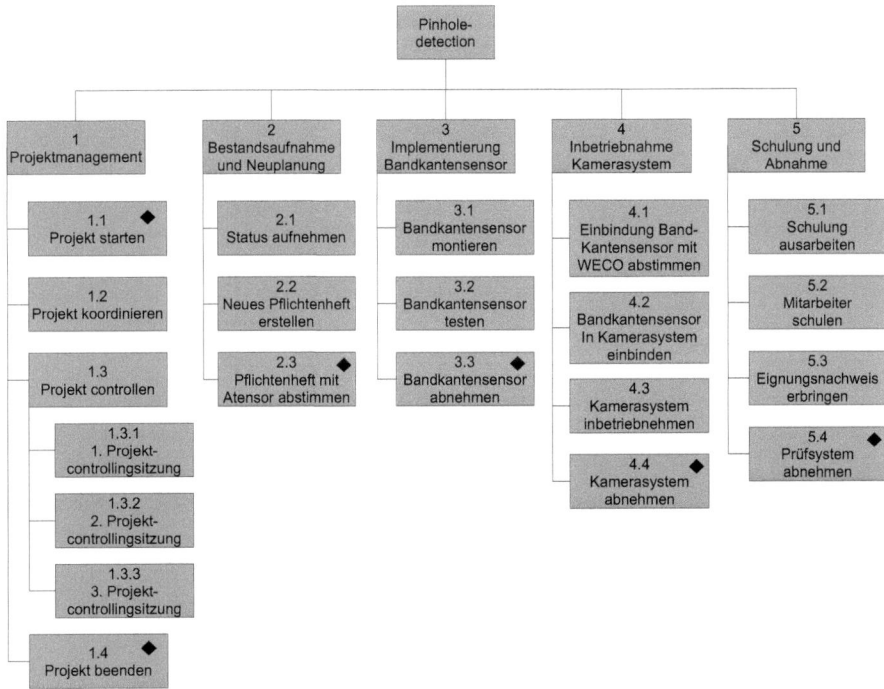

Abbildung 4.5: Vorschlag für einen Projektstrukturplan für das Projekt
„Pinholedetection" nach dem Neustart, Meilensteine sind mit einer schwarzen
Raute markiert

Wie aus der Zeitplanung (Abbildung 4.6) ersichtlich ist, wurden die Pro-
jektcontrollingsitzungen so geplant, daß sie anschließend an wichtige Punkte
im Projekt stattfinden. Das sind zum einem die Meilensteine 2.3 „Änderung
bei Atensor bestellt" und 3.3 „Bandkantensensor abgenommen" und zum
anderen nach dem Arbeitspaket 4.1 „Einbindung Bandkantensensor mit
WECO abklären", da hier einige Schwierigkeiten zu erwarten sind.

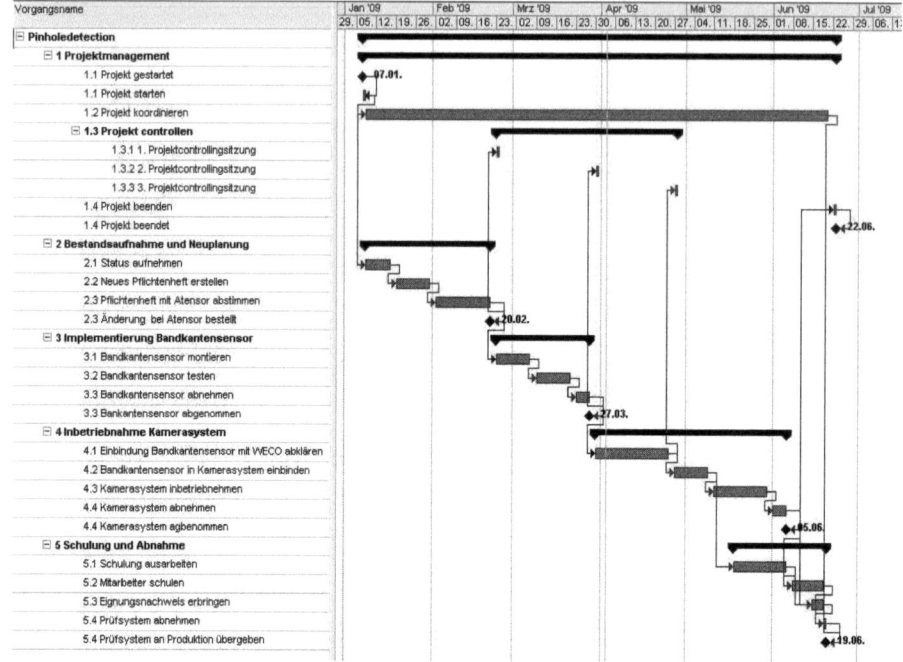

Abbildung 4.6: Vorschlag für eine Zeitplanung aufgrund des PSP in Abbildung 4.5, erstellt mit „Microsoft Project"

Derzeit steckt das Projekt im Arbeitspakte 4.1 „Einbindung Bandkantensensor mit WECO abklären" fest, da von WECO offensichtlich kein Interesse besteht, die Zusammenarbeit mit Berndorf Band, bzw. ATENSOR fortzusetzen.

4.5 Eignung des Prüfsystems „Pinholedetection"

Da wie bereits in den Kapiteln 4.3 und 4.4 erwähnt, das Projekt „Pinholedetection" zum Zeitpunkt der Erstellung dieser Master-Thesis stillsteht, soll im folgenden nur eine kurze Beschreibung gegeben werden, was bei der Erbringung des Eignungsnachweis zu beachten sein wird.

Für den Eignungsnachweis der „Pinholedetection" wird der Ansatz der attributiven Prüfung und die Poisson-Verteilung gewählt, da für einen Nachweis mit genauen Größenwerten der Poren eindeutige Referenzmessungen fehlen. Die Größe der Poren wird derzeit anhand des optischen Eindrucks abgeschätzt, bzw. mit der Software des digitalen Video-Mikroskops „gemessen", wobei auch für diese „Messung" mit dem Video-Mikroskops kein Eignungsnachweis vorliegt. Die Entscheidung darüber, ob ein Fehler akzeptiert wird oder nicht, liegt letztendlich beim Kunden, bzw. wird gemeinsam mit diesem darüber diskutiert und entschieden. Es geht hier also alleine darum, zu zeigen, daß das Prüfsystem prinzipiell dazu in der Lage ist, die Fehler mit der selben Wahrscheinlichkeit zu entdecken, wie die bisher eingesetzten menschlichen Prüfer. Dafür ist der attributive Eignungsnachweis, trotz seiner relativen Unsicherheit der Aussage, aufgrund seiner einfachen Handhabbarkeit durchaus geeignet.

Ein Ansatz zur Erbringung des Eignungsnachweis des Prüfsystems besteht aus einer Kombination der „Short-Method" (siehe Kapitel 3.2.3.1 „Short Method" nach MSA 2. Ausgabe) und dem Vertrauensbereich der Poisson-Verteilung (siehe Kapitel 3.1 Poisson-Verteilung.) Dazu werden auf einem Testband 20 zu überprüfender Flächen markiert, die von zwei Prüfern je zweimal inspiziert werden. Die Anzahl der gefunden Fehler werden in ein entsprechendes Protokoll eingetragen. Anschließend wird das Band mit dem „Pinholedetection"-Prüfsystem zweimal geprüft und die Anzahl der Fehler, die in den markierten Prüfflächen auftreten, ebenfalls in das Prüfprotokoll eingetragen. Erkennen die Prüfer und das Prüfsystem in allen Fällen die gleiche Anzahl an Fehlern, könnte die Prüfung als positiv angesehen werden. Allerdings muß die gleiche Anzahl der Fehler nicht notwendigerweise bedeuten, daß auch die gleichen Fehler gefunden wurden. Um diese Unsicherheit zu beseitigen, dürfte nicht nur die Anzahl der Fehler aufgezeichnet werden, sondern es müßte jede einzelne Pore eingetragen und überprüft werden, ob in allen Fällen die gleichen Fehler entdeckt wurden – was bei 20 Testflächen mitunter aufwendig werden kann. Um einen weiteren Hinweis auf die Eignung zu bekommen, kann mit dem Vertrauensbereich der Poisson-Verteilung überprüft werden, ob die Anzahl der gefunden Fehler in jeder Testfläche einer gemeinsamen Grundgesamtheit entsprechen. Als Voraussetzung für die Richtigkeit dieser Annahme gilt natürlich, daß die Verteilung der Poren der Poisson-Verteilung entspricht und aufgrund gleichförmiger Produktionsbedingungen auf dem gesamten Band gleich ist!

Wenn mehr Zeit für die Erbringung des Eignungsnachweises verfügbar ist, bzw. eine höhere Genauigkeit erforderlich wäre, kann man auch die erweiterte Methode (siehe Kapitel 3.2.3.2 „Erweiterte Methode" nach MSA 3. Ausgabe) anwenden. Da hier bereits 50 Testfläche erforderlich sind, steigt auch der notwendige Aufwand für die Durchführung dieses Eignungsnachweises erheblich an. Ob das gerechtfertigt ist, läßt sich wahrscheinlich erst nach der Testphase des Prüfsystems sagen, da erst dann die Mitarbeiter ein „Gefühl" für das Prüfsystem haben werden. Leider kann diese Entscheidung nicht so einfach auf eindeutige statistische Grundlagen gestellt werden, es ist aber mit einiger Sicherheit davon auszugehen, daß sich die langjährige Erfahrung der Mitarbeiter dabei als hilfreich erweisen wird.

5 Zusammenfassung und Schlußbemerkung

Oftmals werden grössere Tätigkeiten und Vorhaben als Projekte bezeichnet, obwohl sie formal nicht allen „klassischen" Anforderungskriterien entsprechen. Der von Prof. Roland Gareis verwendete Projektbegriff ist recht weit gefasst und ermöglicht es, viele Unternehmungen mithilfe eines professionellem Projektmanagement zu bewältigen. Ganz klar von den Projekten hingegen abzugrenzen sind repetitive Tätigkeiten, da Projekte immer einen relativ einmaligen Charakter haben. Der Einsatz von professionellem Projektmanagement ermöglicht es dem Projektmanager nicht nur, „sein" Projekt zum Erfolg zu führen, sonder erlaubt es ganzen Organisationen projektorientiert zu arbeiten. Projektorientierte Organisationen können flexibler und vor allem professioneller auf Veränderung reagieren und so am Markt bestehen bleiben. Hierfür ist natürlich ein ausgewogenes Projektportfolio und der strategische Weitblick der Projektsteuergruppe eine Grundvoraussetzung. Professionelles Projektmanagement bedeutet teilweise sicherlich mehr bürokratischen Aufwand, bietet aber den entscheidenden Vorteil, daß das Projekt geplant wurde, die Tätigkeiten dokumentiert werden und der Status controllbar ist. Zusätzlich hilft Projektmarketing den Projekterfolg durch Information und positiver Beeinflußung relevanter Umwelten sicherzustellen.

Wenn etwas gemessen oder geprüft werden soll, muß auch immer bekannt sein, ob und wie gut das verwendete System für diese Aufgabe geeignet ist. Für Messsystemen und zu messenden Prozessen, die einer bestimmten statistischen Wahrscheinlichkeitsfunktion unterliegen, gibt es genügend Test und Verfahren um eine Übereinstimmung festzustellen. Schwieriger wird es hingegen bei „attributiven Prüfungen", weil hier nur zwischen „gut" und „schlecht" entschieden wird. Die Frage ist hierbei immer, wie zutreffend diese Entscheidung ist. Nur weil alle Prüfer die gleiche Entscheidung treffen, muß das noch lange nicht heißen, daß ihre Entscheidung auch richtig ist. Um den Bereich der möglichen falschen Entscheidungen zu identifizieren, bleibt ein Vergleich mit Referenzmeßwerten unumgänglich. Anhand der Daten muß dann entschieden werden, ob die Breite des „Graubereichs" akzeptabel ist. Außerdem gehen bei der attributiven Prüfung wertvolle Informationen über Trends bei den Meßwerten verloren – die Steuerung des Prozesses wird wesentlich schwieriger, da nicht erkennbar ist, ob sich der zu messende Prozess verschlechtert.

Mit dem Projekt „Pinholedetection" soll bei Berndorf Band ein Prüfsystem für die Fehlererkennung an polierten Oberflächen von Stahlbändern zum Einsatz kommen, daß die Mitarbeiter von der sehr langwierigen und ermüdenden optischen Inspektion befreit. Da das Projekt vor der Umwandlung von Berndorf Band hin zum projektorientierten Unternehmen gestartet wurde, gibt es bislang kein Projektmanagement für dieses Projekt. Wie bereits beschrieben, leidet die Installation des Prüfsystems unter technischen Schwierigkeiten; es daher wäre sinnvoll gewesen, zumindest beim Neustart (Implementierung des Bandkantensensors) die Projektmanagementwerkzeuge einzusetzen. Da das Projekt zum Zeitpunkt der Erstellung der Master-Thesis leider stillsteht, konnte der Eignungsnachweis für das Prüfsystem nicht in der Praxis erbracht werden. Es wurden daher nur die Punkte angeführt, die hierbei beachten werden müssen.

6 Abkürzungsverzeichnis

Abkürzung	Beschreibung
BBE	Berndorf Band Engineering, Tochterunternehmen von BBG für Anlagenbau von Stahlbandmaschinen
BBG	Berndorf Band GmbH – Unternehmen, in dem der Autor zum Zeitpunkt der Verfassung beschäftigt ist
BOP	Betrachtungsobjekteplan
BRM	Bandreckmaschine, besteht aus einer Antriebs- und einer Steuerstation, zwischen denen ein Band zur Bearbeitung aufgespannt wird, technisch fortschrittlicher als ein HSP
FPM	Fertigpoliermaschine, dient zum Polieren von Stahlbändern
HSP	Haspel, besteht aus zwei Trommeln, zwischen denen ein Band für die Bearbeitung aufgespannt wird, technisch einfacher aufgebaut als eine BRM
i.O	In Ordnung – Prüfmerkmal entspricht der Spezifikation
MTP	Manager Technical Processing – Funktion des Authors in der BBG, engl. für Prozesstechniker
PAG	Projektauftraggeber(-team)
n.i.O	Nicht in Ordnung – Prüfmerkmal entspricht nicht der Spezifikation
PG	Projektgruppe
PM	Projektmanagement oder Projektmanager
PMA	Projektmitarbeiter
PMO	Projektmanagement-Office
PSP	Projektstrukturplan
PTM	Projektteammitglied
VPV	Versuchspoliervorrichtung, wird für Versuche aus dem Bereich Polieren verwendet
WBS	Work-Break down-Structure, engl. für PSP

7 Abbildungsverzeichnis

8 Literaturverzeichnis

RGHP: Roland Gareis, Happy Projects!, 3. Auflage, 2006, MANZ, Wien

ISOQMS: International Standardization Organisation (Hrsg.), Qualitätsmanagementsysteme, EN ISO 9000:2005

WPP: Projekt, 21.02.2009, http://de.wikipedia.org/Projekt

HSPE: H. Schelle, Projekte zum Erfolg führen, , 2001, Dt. Taschenbuchverlag,

PMB: Roland Gareis (Hrsg.), Projektmanagement Grundlagen, 2008

SPM: SMART (Projektmanagement), 14.03.2009, http://de.wikipedia.org/SMART_(Projektmanagement)

FXW05: Franz-Xaver Wallisch, Automatisierungskonzepte und Industrielle Bildverarbeitung in der Serienfertigung, Wr. Neustadt, 2005

DSSV: Edgar Dietrich / Alfred Schulze, Statistische Verfahren zur Maschinen- und Prozessqualifikation, 5., aktualisierte Auflage, 2005, Carl Hanser Verlag München Wien, Weinheim

WTQS: Wolfgang Timischl, Qualitätssicherung - Statisitische Methoden, 3., überarbeitete Auflage, 2002, Carl Hanser Verlag München Wien, Graz

DSPE: Edgar Dietrich / Alfred Schulze, Prüfprozesseignung, 3., aktualisierte und erweiterte Auflage, 2007, Carl Hanser Verlag München Wien, Weinheim

VDA5: VDA - Verband der Automobilindustrie, Prüfprozesseignung, VDA Band 5, 2003, VDA - Verband der Automobilindustrie, Frankfurt

MSA: A.I.A.G. - Chrysler Corp./Ford Motor Co./ General Motors Corp., Measurement Systems Analysis Reference Manual, 3. Ausgabe, 2002, A.I.A.G. - Chrysler Corp./Ford Motor Co./ General Motors Corp., Michigan, USA

PMR: Berndorf Band, BBG + BBE Projektmanagementrichtlinien, V2.0, 2008

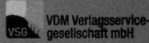